U0114365

博客思出版社

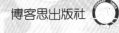

西餐丙級
檢定書

侯淯翔◎著

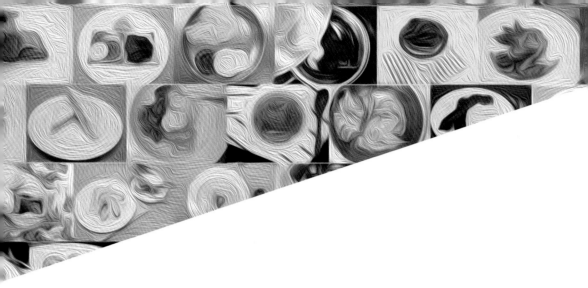

目 錄

應試說明

壹、注意事項

以下資料依據勞動部勞動力發展署技能檢定中心所公告之規範編撰

壹、注意事項

一、本應檢參考資料內含1.注意事項，2.應檢人須知，3.應檢人自備工具表，4.檢定參考資料，5.技能檢定術科試題。

二、為使技能檢定更具公正、公平起見，本資料由術科辦理單位於檢定前兩星期寄發各應檢人參考。

三、術科辦理單位，在檢定前一星期內將擇日（指定日期時間)開放應檢者前往參觀檢定場地設備、工具及環境。應檢人於指定時間內得自由選擇是否前往參觀。

四、檢定當日，將另發試題，應檢人不得攜帶本參考資料進入檢定場內，否則以違規論處。五、檢定時，應檢人請攜帶自備工具應檢，否則自行負責。

貳、西餐烹調丙級技術士技能檢定術科測試應檢人須知

一、本須知應於檢定前兩星期寄發應檢者供先行閱讀，俾使其瞭解術科測試之一般規定，測試程序及應注意遵守等事項。

二、本套試題共有3題（試題編號：14000-910301～14000-910303），測試時間均為4小時，抽題辦法說明如下：

（一）測試所使用之大題，由職類協調會（在校生專案檢定於年度總召學校召開工業類分區工作協調會）抽籤產生一大題，並作成紀錄公告於勞動部勞動力發展署技能檢定中心網站，另有關辦理在校生專案檢定以外之專案檢定及即測即評及發證檢定之測試試題，以當梯次受理報名第一天主管單位網站所公告之大題辦理（主管單位於每2個月抽題後公告，遇假日順延）；各術科辦理單位應將測試之一大題題號於寄發測試參考資料時一併寄予應檢人。

（二）術科測試辦理單位應在檢定測試前3天內（若遇市場休市、休假日時可提前一天）由該大題中抽出兩個組別（A、B、C、D、E組），供準備材料及測試使用。術科測試如連續辦理數日，每日測試之組別均應分別於測試前3天內以網路版電子抽籤系統抽出各日測試之兩組別。兩組別之抽題結果應保密禁止事先公開。抽出之組別分別填寫於抽題紀錄表（參見p.62）後，再各自放入2個不透光之牛皮信封袋簽名彌封（每個信封各放入一個組別的抽題紀錄表，信封封面註記職類名稱及檢定測試日期以免誤認）。

（三）術科辦理單位應準備電腦及印表機相關設備各一套，依本試題規定的期限以電子抽籤系統抽出測試之兩個組別，並列印電子抽籤紀錄及填寫抽題紀錄表（參見p.62）。本職類級別只限使用網路版電子抽籤系統（上、下午場次的進入碼擇一選用），禁止使用實體籤條或單機版電子抽籤系統抽出測試前3天之兩組別。

（四）檢定當日上午場測試之組別，應由上午場應檢人代表從2個彌封

的信封中抽出1組測試。信封抽出後，應檢人代表應於當場次應檢人面前拆開信封並公開組別。下午場測試時，另1彌封的信封直接由下午場應檢人代表抽出後，於當場次應檢人面前拆封並公開組別，監評長（或指示辦理單位）應同時出示3列印之電子抽籤紀錄及上午場次已拆封之抽題紀錄表供應檢人核對。未到場或遲到之應檢人對抽題結果不得提出異議。

三、一般規定：

（一）應檢者必須攜帶身分證、准考證及依試題規定自備工具（請參考p.6）、依照排定之日期、時間及地點準時參加術科測試，依「技術士技能檢定作業及試場規則」第三十九條：「依規定須穿著制服之職類，未依規定穿著者，不得進場應試」。而未穿著符合試題規定之廚師工作服、鞋者（請參考p.18），不准進場檢定，且不予計分。應檢人對於自備工具、服裝穿著有異議時，監評長應邀集監評人員召開監評人員臨時會議討論決議之。

（二）應檢者須當日測試前30分鐘完成報到手續並領取識別證，應即佩戴。

（三）測試前10分鐘於指定場所列隊集合，聆聽監評長宣布有關安全注意事項及測試場環境。

（四）測試前應檢人由監評長帶領進入測試場後，即自行核對測試位置。

（五）就位後即開始點檢設備、工具及材料，如有缺失，應即調換，逾時則不予處理。

（六）當監評長宣布測試開始後，考生才可開始操作。

（七）測試開始逾15分鐘遲到，或測試進行中未經監評人員許可而擅自離開考場，均不得進場應考。

（八）應檢人於測試進行中有特殊原因，經監評人員許可而離開考場者，不得以任何理由藉故要求延長測試時間。

（九）測試使用之材料一律由測試辦理單位統一供應，不得使用自備之材料。

（十）測試前須先閱讀試題，如有印刷不清之處，得於測試位置舉手向擔任之監評人員請示。

（十一）考場內所供應之設備、工具應小心使用，如因使用不當而損壞者，予以扣分，故意毀壞者，以「不及格」論，且兩者皆需照價賠償。

（十二）因誤作或施做不當而損壞材料，造成缺料情形者，不予補充材料，且不得使用自備之材料或向他人商借材料，一經發現以「不及格」論處。

（十三）應檢人應使用自行攜帶工具，如向他人借用時，則予以扣分。

（十四）測試進行中，使用之工具、材料等應放置有序，如有放置紊亂則予扣分。

（十五）測試進行中，應隨時注意安全，保持環境整潔衛生。

（十六）與試題有關之參考資料或材料均不得攜入考場使用，如經發覺則以夾帶論評為「不及格」。

（十七）工作不慎釀成災害以「不及格」論。

（十八）代人製作或受人代製作者，均以作弊「不及格」論。

（十九）考生須在測試位置操作，如擅自變換位置經勸告仍不理者，則以「不及格」論。

（二十）成品之繳交請按照本須知第四項之（四）（五）（六）（七）等說明規定辦理。

（廿一）測試時間屆滿，於監評長宣布「測試時間結束」時，考生應即停止操作。

（廿二）考生不得藉故要求延長測試時間。

（廿三）測試進行中途自願放棄或在規定時間內未能完成或逾時交件者，均以「不及格」論。

（廿四）測試後之成品、半成品等材料不論是否及格，考生均不得要求取回。

（廿五）凡不遵守測試規定，經勸導無效者，概以「不及格」論

四、測試程序說明：本測試時間為4小時，含測試後清理時間十五分鐘，必須於規定時間內完成成品各二人份供評分，考生應妥善計劃時間，掌握進度，茲概略說明如下：

（一）閱讀測試題目：本測試題目採中、外文並列，應檢人接到題目

後應先仔細閱讀，每題目有四道菜餚，應先根據菜餚性質規劃製作順序。

（二）取用材料：按照測試題目取用所需材料，注意成品為每道菜餚均為二人份，取材取量之正確性亦為評分項目。

（三）製作菜餚：根據測試題目製作菜餚，除注意準備工作及烹調方法之正確性外，須注意衛生安全。菜餚重做者均不予計分。

（四）成品繳交：於測試時間內完成製作，經核對號碼後，即將成品放置於指定評分檯上，結束時尚未完成者，則不受理繳件。成品為各二人份。

（五）工具設備點交：將工具設備擦拭乾淨並排列整齊後，點交給服務員。

（六）場地清理：將測試位置及周圍地上之殘料等雜物清理，裝入垃圾桶內。

（七）繳回題證：將識別證、試題及材料採購表（Marketlist）與檢定工具記錄表等交回5試務人員。

（八）離開考場：完成上述過程後，考生應即離開考場。

參、應檢人自備工具表

項次	工具名稱	規格	單位	數量	備註
1	白色廚師工作服 （含上衣、圍裙、帽、褲）		套	1	請參考應檢人服裝圖示
2	穿著廚師工作鞋，內須著襪		套	1	請參考應檢人服裝圖示
3	白色廚房用紙		捲	2	
4	衛生指套（乳膠		雙	1	受傷時使用
5	文具（白紙及筆）		套	1	規畫製作順序用
6	飲用水		瓶	自訂	應檢人自行飲用
7	西式刀具組		組	1	參考試題備用
8	西式餐具組	湯匙、叉子	支	各 1	試味道用

肆、西餐烹調丙級技術士技能檢定術科測試檢定參考資料

一、試題編號：14000-910301~3

二、檢定時間：每題測試時間4小時，含測試後清理時間十五分鐘

三、評分標準：

(一)菜餚

1.應檢人應於規定時間內完成成品各二人份供評分。

2.每道菜餚均限一次完成，不得重做，違者不予計分。

3.菜餚評分依據項目：

4道菜，每道菜個別以25分計分，術科成績滿分為100分。累計達60分者為及格（單項未達10分（含)者為不及格）。

(1)準備工作（5分）：含取材(1分)、取量(2分)、刀工(2分)。

(2)烹調（10分）

(3)觀感（5分）

(4)味道、口感（5分）

(二)衛生：衛生安全項目評分標準合計100分，未達60分者，總成績以不及格計。

項目	監評內容	說明	扣分標準
一般規定(A)	1. 未著工作服進入考場區。		41分
	2. 入考場後，除不可拆除之手鐲、戒指未全程佩戴乳膠手套者。有手錶、化妝、佩戴飾物、蓄留指甲、塗抹指甲油等情事者。		41分
	3. 有吸煙、嚼檳榔、隨地吐痰、擤鼻涕等情形者。		41分
	4. 測試時，罹有上呼吸道感染疾病，但未著口罩者。（口罩僅需將口部覆蓋）。		41分
	5. 如廁前，未將帽子、圍裙摘除；如廁後，未洗手者。		41分

	6.除礦泉水、包裝飲用水及白開水外，帶有其他任何食物情事者。		41 分
	7.手部有受傷，未經適當傷口處理包紮，且未全程佩戴乳膠手套者。	乳膠手套應每 30 分鐘更新。	41 分
	8.其它未及備載之違反衛生安全事項。	評審應註明扣分原因	10 分
驗收 (B)	1.食材未驗收數量及品質者。		10 分
	2.其他未及備載之違反衛生安全事項。		10 分
消毒 (C)	1.處理熟食時未以 70-75% 酒精消毒手部及砧板、刀具者 (砧板、刀具、抹布亦可以其他有效殺菌法進行消毒殺菌)。		30 分
	2.其他未及備載之違反衛生安全事項。		10 分
洗滌 (D)	1.洗滌餐具時，未依下列先後處理順序者：餐具→鍋具→刀具→砧板→抹布。		30 分
	2.擦拭餐具有污染情事者。		30 分
	3.自市場購入之常溫食材，未經洗淨直接烹調者。		30 分
	4.洗滌各類食材時，地上遺有前一類之食材殘渣或水漬者。		10 分
	5.將非屬食物類或烹調用具、容器置於工作檯上者 (例如：洗潔劑、衣物等)。		10 分
	6.將垃圾袋置於水槽內者。		30 分
	7.食材未徹底洗淨者： 甲、鰓、內臟未清除乾淨者。 乙、鱗、蝦腸泥殘留者。 丙、毛、根、皮殘留者。 丁、其他異物者。		20 分 20 分 20 分 20 分
	8.洗滌工作未於 30 分鐘內完成者 (如工作場所有良好冷藏設施，且洗滌時有良好之隔離措施者，可不受此限制)。		20 分
	9.洗滌期間進行烹調情事，未有良好隔離措施者。		10 分
	10.以鹽水洗滌海產類，致有腸炎弧菌滋生之虞者。		20 分
	11.其他未及備載之違反衛生安全事項。		10 分

切割 (E)	1. 洗滌妥當之食物，未分類置於盛物盤或容器內者。		30分
	2. 切割食物，未依砧板顏色使用原則切割食物。		20分
	3. 切割妥當之食材，未分類置於盛物盤或容器內者。		30分
	4. 每一切割過程後，未將砧板、刀具、抹布及手徹底洗淨者。		20分
	5. 蛋之處理程序未依下列順序處理者：洗滌好之蛋→用手持蛋→敲於乾淨硬器上→撥開蛋殼→將蛋放入容器內→檢視蛋有無腐壞→烹飪處理。		20分
	6. 其他未及備載之違反衛生安全事項。		10分
調理、 加工、 烹飪(F)	1. 烹調用油達發煙點，且發煙情形持續進行者。		30分
	2. 食物未全熟，有外熟內生情形者（紅肉除外）。		30分
	3. 切割熟食者，未戴衛生手套者。		30分
	4. 殺菁後之蔬果類，如需直接食用，未使用經減菌處理過之冷水冷卻者（需再經烹煮始食用者，可以自來水冷卻）。		30分
	5. 生鮮盤飾、沙拉菜食材未經減菌處理及未戴衛生手套者。		30分
	6. 切割生、熟食，砧板使用有交互污染之虞者。若砧板為四塊塑膠質，則白色者切熟食、綠色者切蔬果、紅色者切肉類、藍色者切魚貝類。		30分
	7. 成品，涼拌菜餚，未有良好防護措施致遭污染者。		30分
	8. 抹布未經常清洗者。		30分
	9. 製作完成之菜餚重疊放置者。		20分
	10. 成品菜餚中有異物者。		30分
	11. 烹調時著火（如：flambe 菜餚除外）或乾鍋（如：onionbrulee 除外）者。		30分
	12. 烹調加熱時以抹布擦拭吸乾鍋內水分者。		30分
	13. 以烹調用具就口品嚐食物者。		30分
	14. 食物掉落在工作檯或地上未經處理直接放入鍋、盤中者。		30分

	15. 即食、冷食食品掉落地面未予廢棄卻紀續烹調裝盤者。		30 分
	16. 其他未及備載之違反衛生安全事項。		10 分
盤飾 (G)	1. 以非食品做為盤飾者。		30 分
	2. 其他未及備載之違反衛生安全事項。		10 分
清理 (H)	1. 工作結束後,未徹底將工作檯、水槽、爐檯、器具、設備及工作環境清理乾淨者。		30 分
	2. 拖把置於清洗食物之水槽內清洗者。		30 分
	3. 垃圾未攜至指定地點堆放者(如有分類規定,應依規定辦理)。		30 分
	4. 其他未及備載之違反衛生安全事項。		10 分
其他 (I)	1. 以衣物擦拭汗水者		20 分
	2. 打噴嚏或擤鼻涕時,未先備妥紙巾,再向後轉將噴嚏打入紙巾內,再將手洗淨者。		30 分
	3. 每做不同之下一個動作前,未將手洗淨者。		30 分
	4. 工作衣帽未保持整潔者。		10 分
	5. 地上除垃圾桶及附蓋置菜盒外,置有其他物品者。		30 分
	6. 地面濕滑者。		10 分
	7. 使用塑膠(含保利龍)免洗餐具者。		30 分
	8. 其他未及備載之違反衛生安全事項。	評審應註明扣分原因	10 分

伍、西餐烹飪丙級技術士技能檢定術科測試評分標準

(一)評審須知

1.每組共有4道菜，每道菜須出二盤且個別計分，每道菜以25分為滿分，4道菜總分未達60分者不及格（單項未達10分(含)者為不及格）。

2.材料的選用與作法，必須切合題意。

例如:鮪魚沙拉三明治一題，如只放進蔬菜郤沒放進鮪魚餡則視為不符題意。

例如:題目名稱為煎法國吐司，郤以油炸的方式，此為錯誤烹調法視為不符題意。

3.做法錯誤的菜餚在準備工作(取材、取量、刀工)、烹調技巧、觀感、味道口感扣分。

4.準備工作包括

(1)取材、取量及刀工

(2)烹調包含加熱、冷卻、冷藏

(3)觀感包含排盤及配菜

5.未完成者或重做者不予計分。

(二)評分標準參考

1、材料取用

(1)製作過程中的材料沒有浪費、取量適當

(2)每道成品須為二盤、二盤的份量與擺飾需相同

(3)成品內的食材與醬汁須搭配得宜，不可過於濃或稀

(4)成品重作者不予計分

2、刀工

(1)刀具的使用方式須正確

(2)食材的切割方式、大小、長短、厚薄、須一致

(3)食材切割方法是否正確，例如；食材紋路方向切割等

(4)考生對於刀工切割的技巧熟練度

3、烹調

(1)考生是否使用正確的烹飪器具進行烹調

(2)考生是否對於烹調過中的烹調法熟悉並使用正確的烹調法

(3)烹調過程中是否對於溫度的掌握熟悉，包含時間、溫度、湯汁
的比例、顏色的觀感、醬汁的濃稠度等可以適當的調配

(4)烹調過中的湯汁、醬汁、油等不可有溢出的情形

(5)沙拉類等食材須帶有清脆的口感且無出水等現象

4、觀感

(1)成品的色澤是否搭配得宜、具有光澤感可引發食慾

(2)盤子的選用是否正確，例如:主菜的食物不可使用沙拉盤盛裝

(3)配菜與主菜的比例是否適當，盤飾是否得宜，份量是否正確

(4)菜餚如未能於時間內完成者則一律不予計分

(5)味道口感是否正確

(6)成品是否符合題意

(7)成品是否符合烹調方法，例如：須為使用煎的烹調方式，郤使
用油炸的方式

陸、應檢人服裝圖示

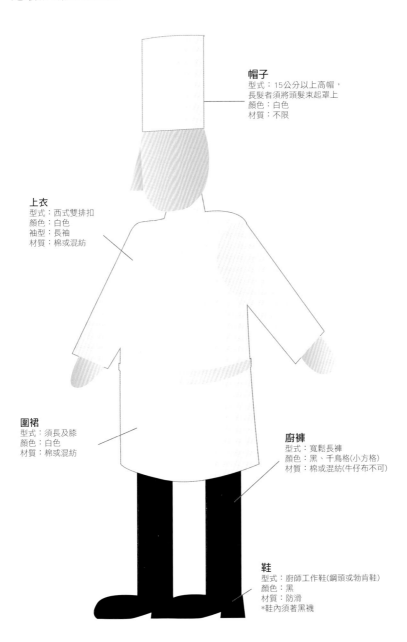

帽子
型式：15公分以上高帽，
長髮者須將頭髮束起罩上
顏色：白色
材質：不限

上衣
型式：西式雙排扣
顏色：白色
袖型：長袖
材質：棉或混紡

圍裙
型式：須長及膝
顏色：白色
材質：棉或混紡

廚褲
型式：寬鬆長褲
顏色：黑、千鳥格(小方格)
材質：棉或混紡(牛仔布不可)

鞋
型式：廚師工作鞋(鋼頭或勃肯鞋)
顏色：黑
材質：防滑
*鞋內須著黑襪

柒、西餐烹調丙級技術士技能檢定術科試題

一、組合菜單

試題編號：14000-910301

A組
煎法國吐司 French toast
蒔蘿黃瓜沙拉 Dill cucumber salad
匈牙利牛肉湯 Hungarian goulash soup
奶油洋菇鱸魚排附香芹馬鈴薯 Fillet of Seabass bonne femme style with parsley potatoes

B組
美式華爾道夫沙拉 Waldorf salad American style
雞骨肉汁(0.5公升) Chicken gravy(0.5l)
佛羅倫斯雞胸附青豆飯 Chicken breast Florentine style with risibisi
沙巴翁焗水果 Seasonal fresh fruit gratinted with sabayon

C組
火腿乳酪恩利蛋 Ham and cheese omelette
鮮蝦盅附考克醬 Shrimp cocktail with cocktail sauce
青豆仁漿湯附麵包丁 Pureeof green pea soup with croutons
義大利肉醬麵 Spaghetti bolonaise

D組
薄片牛排三明治附高麗菜沙拉 Minute steak sandwich with cabbage salad
蔬菜絲清湯 Clear vegetable soup with julienne
紅酒燴牛肉附奶油雞蛋麵 Beef stew inred wine with buttered eggnoodle
香草餡奶油泡芙 Cream puff with vanilla custard flling

E組
鮪魚沙拉三明治 Tuna fish salad sandwich
雞肉清湯附蔬菜小丁 Chicken consomm with vegetable "brunoise"
煎帶骨豬排附褐色洋菇醬汁 Pork chop in brown mushroom sauce with turned carrots
巧克力慕思 Chocolate mousse

試題編號：14000-910302

A組

炒蛋附脆培根及番茄 Scrambled egg garnished with crispy bacon and tomato

翠綠沙拉附藍紋乳酪醬 Green salad served with blue cheese dressing

蒜苗馬鈴薯冷湯 Vichyssoise (potato and leek chilled soup)

原汁烤全雞附煎烤馬鈴薯 Roasted chicken aujus with potato cocotte

B組

煎烤火腿乳酪三明治 Griddled ham and cheese sandwich

尼耍斯沙拉 Nicoise salad

奶油青花菜濃湯 Cream of broccoli soup

乳酪奶油焗鱸魚排附水煮馬鈴薯 Seabass fillet alamornay with boiled potatoes

C組

蛋黃醬通心麵沙拉 Macaroni salad with mayonnaise

蔬菜絲雞清湯 Chicken consomm alajulienne

煎豬排附燜紫高麗菜 Pan fried pork loin with braised red cabbage

焦糖布丁 Crmecaramel

D組

德式熱馬鈴薯沙泣 Warmed German potato salad

奶油洋菇濃湯 Cream of mushroom soup

匈牙利燴牛肉附奶油飯 Hungarian Goulash with pillafrice

烤蘋果奶酥 Apple crumble

E組

主廚沙拉附油醋汁 Chef's salad served with vinaigrette

蘇格蘭羊肉湯 Scotch broth

白酒燴雞附瑞士麵疙瘩 Chicken fricasse with spaetzle

炸蘋果圈 Apple fritters

試題編號：14000-910303

A組
　煎恩利蛋 Plain omelette
　義大利蔬菜湯 Minestrone
　翠綠沙拉附法式沙拉醬 Green salad with French dressing
　藍帶豬排附炸圓柱形馬鈴薯泥　Pork　Cordon　Bleu　with　potato
　croquettes

B組
　炒蛋附炒洋菇片 Scrambled egg with sauted sliced mushroom
　蔬菜片湯 Paysanne soup
　高麗菜絲沙拉 Coleslaw
　煎鱸魚排附奶油馬鈴薯 Seabass fillet meuniere with buttered potatoes

C組
　總匯三明治附薯條 Club sandwich with Frenchfries
　曼哈頓蛤蜊巧達湯 Manhattan clam chowder
　炸麵糊鮭魚條附塔塔醬 Salmon Orly with tartar sauce
　英式米布丁附香草醬 Rice pudding English style with vanilla sauce

D組
　西班牙恩利蛋 Spanish Omelette
　奶油玉米濃湯 Cream of corn soup
　培根、萵苣、番茄三明治 Bacon, letttuce and tomato sandwich
　義式海鮮飯 Seafood risotto

E組
　早餐煎餅 Pancake
　海鮮沙拉附油醋汁 Seafood salad with vinaigrette
　法式焗洋蔥湯 French onion soup augratin
　羅宋炒牛肉附菠菜麵疙瘩　Sauteed　beef　stroganoff　with　spinach
　spaetzle

前菜及沙拉

湯品

主菜

301-A 奶油洋菇鱸魚排附香芹馬鈴薯 Fillet of Seabass bonne femme style with parsley potatoes p.32

301-B 雞骨肉汁(0.5公升) Chicken gravy(0.5l) p.36

301-B 佛羅倫斯雞胸附青豆飯 Chicken breast Florentine style with risibisi p.38

301-C 義大利肉醬麵 Spaghetti bolonaise p.48

301-D 紅酒燴牛肉附奶油雞蛋麵 Beef stew inred wine with buttered eggnoodle p.54

301-E 煎帶骨豬排附褐色洋菇醬汁 Pork chop in brown mushroom sauce with turned carrots p.62

302-A 原汁烤全雞附煎烤馬鈴薯 Roasted chicken aujus with potato cocotte p.74

302-B 乳酪奶油焗鱸魚排附水煮馬鈴薯 Seabass fillet alamornay with boiled potatoes p.82

302-C 煎豬排附燜紫高麗菜 Pan fried pork loin with braised red cabbage p.88

302-D 匈牙利燴牛肉附奶油飯 Hungarian Goulash with pillafrice p.96

302-E 白酒燴雞附瑞士麵疙瘩 Chicken fricasse with spaetzle p.104

303-A 藍帶豬排附炸圓柱形馬鈴薯泥 Pork Cordon Bleu with potato croquettes p.116

303-B 煎鱸魚排附奶油馬鈴薯 Seabass fillet meuniere with buttered potatoes p.124

303-C 炸麵糊鮭魚條附塔塔醬 Salmon Orly with tartar sauce p.130

303-D 義式海鮮飯 Seafood risotto p.140

303-E 羅宋炒牛肉附菠菜麵疙瘩 Sauteed beef stroganoff with spinach spaetzle p.148

甜點

301-B 沙巴翁焗水果 Seasonal fresh fruit gratinted with sabayon p.40

301-D 香草餡奶油泡芙 Cream puff with vanilla custard flling p.56

301-E 巧克力慕思 Chocolate mousse p.64

302-C 焦糖布丁 Crmecaramel p.90

302-D 烤蘋果奶酥 Apple crumble p.98

302-E 炸蘋果圈 Apple fritters p.106

303-C 英式米布丁附香草醬 Rice pudding English style with vanilla sauce p.132

術科試題

試題編號：14000-910301

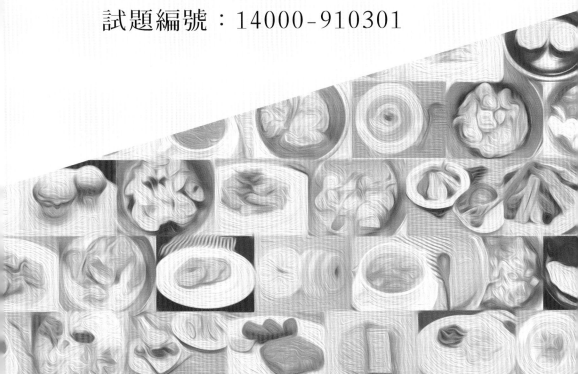

煎法國吐司

FRENCH TOAST

食譜配方

主食材A
白吐司4片
奶油 15g

蛋汁B
雞蛋2個
牛奶100cc
塩適量
香草精 適量

煎吐司D
奶油 15g
沾附蛋汁的吐司 六片

沾粉C
糖粉 適量
肉桂粉 適量

做法

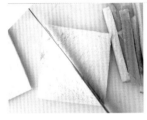

· 將二片吐司對等切成四等份，共有八片三角形備用

· 將奶油放入鍋內溶化後再放入沾附蛋汁的吐司煎到二面上色即可

· 將上述配方中的所有食材混合均勻並過濾後並以吐司沾附

· 將上述二項食材各別撒在煎好的吐司上即可

POINT

(1)蛋液要拌勻並過濾

(2)兩面要煎成金黃色

(3)吐司內部的蛋汁要煎熟

(4)吐司的外表不可有多餘的油脂

(5)要切去吐司邊且撒上肉桂粉及糖粉

(6)每盤三片

(7)蜂蜜要另外附上，不可以淋上煎好的法國吐司

蒔蘿黃瓜沙拉
Dill cucumber salad

食譜配方

大黃瓜 500g
蒔蘿草 少許
酸奶油 50g
塩 適量
白胡椒粉 少許

做法

· 大黃瓜先切成四等份後再去除中間的籽

· 將醃漬好的大黃瓜加入少許的蒔蘿草並切成約 0.8 公分寬拌勻

· 將削好的大黃瓜片加入少許的塩、白胡椒粉及酸奶油醃漬約 30 分鐘，過程中需以保鮮膜密封放入冰箱中保存

· 成品再均勻的排列入盤中就可以了，成品注意不可出水

POINT

(1)大黃瓜須去除外皮、籽

(2)刀工切片須厚薄度一致整齊

(3)製作完成後不可出水，調味要適中

(4)不用刻意擺盤

匈牙利牛肉湯

Hungarian goulash soup

食譜配方

主食材A
牛絞肉 130g

匈牙利紅椒粉 適量

主食材B
沙拉油 適量

洋蔥 60g

馬鈴薯 80g

蕃茄糊 30g

罐頭蕃茄粒 120g

月桂葉 適量

牛骨高湯 400cc

做法

· 將上述二項食材先拌勻入味

· 待主食材 A 的部份炒香後再加入剩餘的食材一起煮到入味就可以了

· 將上述食材中的洋蔥、馬鈴薯先沙拉油炒香後再加入主食材 A 的部份

· 成品需以湯盤盛裝

POINT

(1)所有食材的刀工須要整齊一致

(2)成品湯液應濃稠

(3)味道須有匈牙利紅椒粉的香氣但不可過重

奶油洋菇鱸魚排附香芹馬鈴薯

Fillet of Seabass bonne femme style with parsley potatoes

食譜配方

主食材A
鱸魚菲力去皮 2片
塩 少許
白胡椒粉 少許
紅蔥頭切碎 約2顆量
白葡萄酒 約二個瓶蓋量
魚高湯 少許
奶油 少許

蘑菇醬汁B
奶油 少許
紅蔥頭碎 少許
白蘑菇切片 3顆量
基礎高湯 全部
鮮奶油 約120cc

香芹馬鈴薯C
奶油 少許
馬鈴薯 2顆
義大利香芹碎 約1支量

做法

· 魚骨取出後先以高湯鍋煮成魚高湯

· 烤盤裡放入紅蔥頭碎後再放上鱸魚片並調味後，加入白葡萄酒、魚高湯及奶油並以錫箔紙蓋起來放入烤箱中烤到熟後取出，將取出的鱸魚排先放入主菜盤中，剩餘的水份即為蘑菇醬汁的基礎高湯

· 將上述食材中的奶油、紅蔥頭碎及白蘑菇片先以小火炒香

· 加入其餘食材如基礎高湯及鮮奶油等一起熬煮到有點濃稠即可

· 馬鈴薯可以先削成半月型後放入魚高裡煮到熟，另外再取一個單手鍋先加入奶油後再放入煮熟的馬鈴薯小心的拌炒同時再加入義大利香芹碎拌勻就可以盛盤了

· 成品馬鈴薯須跟鱸魚分開不可堆疊在一起

POINT

(1) 鱸魚要去骨去皮取下二片菲力魚排

(2) 白蘑菇菇要切片

(3) 香芹馬鈴薯或可削成橄欖形，每盤各三個共二盤，共需有6顆且要煮熟

美式華爾道夫沙拉
Waldorf salad American style

食譜配方

西芹 1根量
蘋果 1顆量
沙拉醬 少許
核桃仁 35公克
葡萄乾 20公克

做法

· 核桃先以上火明火烤箱烤到上色

· 西芹可先去除多餘的纖維、另蘋果的部份則是削皮後跟西芹一樣的切成中丁的大小同時再拌入沙拉醬

· 拌好的西芹及蘋果丁需先放入盤中後少可再上面撒上烤好的核桃仁及葡萄乾

POINT

(1)蘋果要去皮不可氧化變色

(2)西芹菜要去除外皮的粗纖維，不可川燙

(3)食材刀工大小要適中

(4)核桃仁及葡萄乾不可以拌入沙拉裡

(5)成品不可以有出水的現象

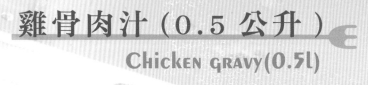

雞骨肉汁（0.5 公升）
Chicken gravy(0.5l)

食譜配方

主食材A
雞胸骨 1.5公斤
洋蔥塊 半顆量
胡蘿蔔塊 150公克
西芹塊 2支量
青蒜苗塊 1支量
蕃茄糊 50公克

副食材B
月桂葉 2~3葉
百里香葉 少許
雞高湯 2公升

做法

· 將主食材 A 的材料放入烤箱裡烤到上色

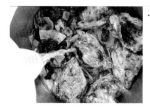

· 將烤到上色的主食材放入高湯鍋裡同時再加入副食材 B 的部份一起熬煮約 1 個小時候濾出即可

· 成品帶有些許的琥珀深色

POINT

(1)雞骨與其餘食材要烘烤上色

(2)成品不可有燒焦味

(3)色澤應呈現暗褐紅色且帶有香氣

(4)濃稠度要適中,不可過稀或太濃

(5)成品不須調味

佛羅倫斯雞胸附青豆飯

Chicken breast Florentine style with risibisi

食譜配方

青豆仁飯A
奶油 少許
洋蔥碎 20公克
蒜頭碎 10公克
青豆仁 50公克
白米 130公克
雞高湯 300毫升
塩 少許
白胡椒粉 少許

雞胸肉的前處理B
沙拉油 少許
雞胸肉 2片
塩 少許
白胡椒粉 少許

炒菠菜C
奶油 少許
紅蔥頭碎 25公克
菠菜去梗 100公克
塩 少許

奶油起士醬D
麵粉 25公克
奶油 25公克
牛奶 70毫升
起士 50公克

做法

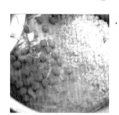

· 將洋蔥碎、蒜頭碎、以奶油炒香後加入青豆仁、洗淨且濾乾的白米以及雞高湯後調味並煮到沸騰再放入烤箱烤到米粒熟化就可以取出備用

· 加入冷的牛奶拌勻同時煮到有點濃稠

· 加入起士再稍微煮一下，並試味道，如覺得不夠鹹可以加一點塩

· 雞胸肉先以塩、白胡椒粉調味後煎到表面上色再放入烤箱烤到雞胸肉熟化備用

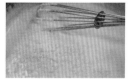

· 鍋內加入少許的奶油後後先炒香紅蔥頭碎後再加入菠菜快速的拌炒二到三下，不可讓菠菜出水並調味後備用

· 將煮好的奶油起士醬淋在烤好的雞胸肉上再放到上火明烤箱裡燒到起士上色後取出再放到菠菜上面

· 雞胸肉必須放在炒好的菠菜上並與青豆仁飯稍微分開

POINT
(1)乳酪醬汁須淋上雞肉並於上火烤箱烤到稍微上色
(2)雞胸肉要全熟。
(3)菠菜要炒過並調味
(5)青豆仁飯口感要適中

沙巴翁焗水果

Seasonal fresh fruit gratinted with sabayon

食譜配方

主食材A
蘋果 半顆量
梨子 半顆量
奇異果 一顆
香蕉 一支

沙巴翁醬汁B
君度橙酒 10毫升
蛋黃 2顆
砂糖 13公克
水 20毫升

做法

· 水果切成約 1.5
公分大丁後並以
香橙酒醃製

· 將上述所有醃製
好的食材均勻的
鋪在盤面上備用

· 將食譜配方中的
沙巴翁醬汁材料
放入攪拌盆裡並
以隔水加熱的方
式加熱同時快速
攪拌直到醬汁呈
現濃稠狀

· 作好的沙巴翁醬汁應
該會呈現細緻的氣孔
且色澤均勻無任何的
結粒現象

· 將打發好的沙巴翁醬
汁以湯匙均勻鋪在水
果上後立即的以上火
明烤箱烤到上色

· 成品應該呈現均勻的金黃色澤且帶有飽
滿膨發的感覺

POINT

(1) 水果的部份應以當季為準，此為示
範參考水果，如考場以其它水果提
供，也可以參考本示範圖均勻的切
好並擺入盤裡

(2) 製作沙巴翁醬汁時需注意所有食材
的比例，尤其是水份不可以過多，
否則做好的沙巴翁醬汁容易失敗

(3) 此一道菜在淋上沙巴翁醬汁後，必須是以明
火烤箱來做為烘烤的工具，不可以放進烤箱
裡烘烤，因此在準備製作醬汁時就應該先將
轉開明火烤箱，實為較理想的烹調順序

(4) 刀工須切成約1.5公分大丁狀，不須特別的擺
盤即可

火腿乳酪恩利蛋

Ham and cheese omelette

食譜配方

主食材A

奶油 10公克

沙拉油 少許

雞蛋 6顆

鮮奶油 80毫升

起士片切丁 30公克

火腿片切丁 50公克

做法

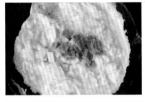

· 雞蛋打散後加入鮮奶油及溶化的奶油後，倒入鍋內以沙拉油先煎成一整個蛋片並加入火腿片丁及起士片丁

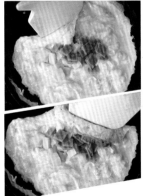

· 將蛋片先折出左上角

· 再將蛋片折進右上角

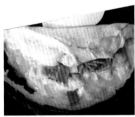

· 接著再從中間向內折進

· 同樣的動作再折一次就形成一的蛋包

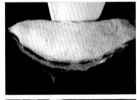

· 將接口處向下壓使其接觸鍋底燒一下就不會再彈回來了

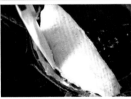

· 盛盤時讓接口處朝下，會讓成品較為美觀

POINT

(1)以三顆蛋為準，蛋白蛋黃打均勻。

(2)火腿與乳酪不可漏出，內部蛋液組織要熟。

(3)成品不可燒焦，外表要呈金黃色

鮮蝦盅附考克醬

Shrimp cocktail with cocktail sauce

食譜配方

蝦子及水煮蛋煮法
洋蔥 30公克
西芹 30公克
胡蘿蔔 30公克
水 1公升
月桂葉 少許
百里香葉 少許
白胡椒粒 少許

考克醬
法式芥末醬 半茶匙
辣根醬 半茶匙
蕃茄醬 1大匙

成品
美生菜切絲泡冰水備用 50公克
檸檬角 2片
煮好並剝殼之蝦子 12隻

做法

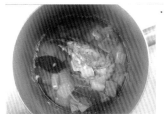

· 將所有食材與水一同煮開至蔬菜味道出後再放入蝦子及雞蛋以小火慢慢的煮到熟即可

· 將所有材料混合均勻即可

· 將美生菜絲泡冰水後濾乾水份並放進馬丁尼杯裡，於上頭再依序放進6隻去殼蝦、一片蛋角、一片檸檬角做為裝飾，同時再附上調製好的考克醬

POINT
(1)草蝦要煮熟並有去腸泥
(2)生菜絲刀工要均勻
(3)須附有水煮蛋片及檸檬片
(4)草蝦要完全的去殼且置於杯內

青豆仁漿湯附麵包丁

Pureeof green pea soup with croutons

食譜配方

白吐司切丁 1片量　　青豆仁 250公克
培根切絲 1片量　　　雞高湯 400毫升
奶油 30公克　　　　鮮奶油 120毫升
洋蔥切丁 半顆量　　　塩 少許
蒜頭 4顆量　　　　　白胡椒粉 少許

做法

· 將培根切絲並以奶油炒到香脆、白吐司切丁以上火明烤箱烤到金黃色不可過焦

· 取一湯鍋先以奶油炒香洋蔥、蒜頭後加入青豆仁及雞高湯並煮到青豆仁軟化後再以果汁機打均

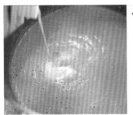

· 加入鮮奶油及塩與白胡椒粉調味

· 注意濃稠度調整一下後再盛入湯盤裡

· 盛入湯盤裡的青豆仁湯再放入剛剛烤好的吐司丁及脆培根絲

POINT

(1)成品的濃稠度適當

(2) 要有調味

(3) 須附上烤過的麵包丁及炒過的培根絲

義大利肉醬麵

Spaghetti bolonaise

食譜份量 / 600g
準備時間 /10 分鐘
烹調時間 / 30 分鐘

食譜配方

主食材A
橄欖油 少許
洋蔥碎 50g
蒜頭碎 15g
百里香 少許
月桂葉 2片

主食材B
牛絞肉 150g
西芹碎 35g
胡蘿蔔碎 35g
罐頭切丁蕃茄 1罐 400g
牛骨高湯 500cc

主食材C
義大利麵(煮好) 350g

調味料
紅酒 少許
塩 適量
白胡椒粉 少許
起士粉適量
義大利香芹碎 少許

做法

· 將主食材 A 的部份先行炒香，只需炒出香氣，不用特別炒到焦黃

· 加入主食材 B 的牛絞肉續炒至香氣出來並且稍微的加入調味料

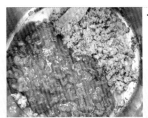

· 加入主食材 B 的其餘食材並且以小火慢慢的煮到牛肉軟化且入味時間依份量約為 20~30 分鐘

· 加入主食材 C 煮好的義大利麵待義大利麵完全吸取醬汁後試一下味道即可盛盤

· 盛盤後再撒上些許的起士粉及義大利香芹就可以了

薄片牛排三明治附高麗菜沙拉
Minute steak sandwich with cabbage salad

食譜配方

高麗菜沙拉A
高麗菜 150g
沙拉醬 30g
塩 少許

主食材B
蕃茄 150g
洋蔥 100g
美生菜 50g

奶油吐司C
奶油 少許
白吐司 4片

菲力牛排D
菲力牛排300g
塩 少許
白胡椒粉 少許

做法

· 將食材切成細絲後再加入少許的塩及沙拉醬拌勻即可

· 洋蔥需切成薄片，不可太厚以免吃起來的口感會有嗆辣感

· 將菲力牛排切作圓片狀後調味煎上色並放入烤箱烤到熟

· 將蕃茄及洋蔥切片備用，美生菜切成大片狀共二片備用

· 將白吐司先以烤箱或是上火明烤箱烤到上色後塗上少許的奶油備用

· 成品須呈現開放狀態不可覆蓋，高麗菜沙拉須另外放置在盤中上位置

POINT

(1)高麗菜切絲要均勻

(2)成品不可以去除吐司邊

(3)三明治要以開放的方式呈現不可以重疊

(4)牛排不可以煎的太乾

蔬菜絲清湯

Clear vegetable soup with julienne

食譜配方

切絲食材A
洋蔥 100g　蒜苗 25g
胡蘿蔔 50g　蕃茄 30g
西芹 30g

熬蔬菜高湯食材B
洋蔥 150g　蕃茄 50g
胡蘿蔔 100g　月桂葉 1~2葉
西芹 60g　水 700毫升
蒜苗 70g　塩 少許

焦化洋蔥C
洋蔥 150g

做法

· 將上述所有食材切成細絲備用

· 將上述所有切絲剩餘的食材切成小塊備用

· 將洋蔥切成厚度約為 1.5 公分厚的圓片狀並放在平底鍋裡以小火慢慢的煎到上色

· 將 B 步驟及 C 步驟的食材放入湯鍋中並以小火慢煮到上色

· 待所有食材煮到入味後再試一下味道就可以過濾

· 成品過濾時不可有任何的雜質

· 將過濾好的成品加入步驟 A 切好的食材細絲稍微煮到食材熟化就可以了

· 成品應以雙耳湯碗盛裝並附上底盤

POINT

(1)蔬菜絲刀工要一致

(2)成品色澤要清澈不可以有浮油

(3)成品須有調味

紅酒燴牛肉附奶油雞蛋麵

Beef stew inred wine with buttered eggnoodle

食譜配方

紅酒 300毫升   月桂葉 1~2葉

牛肉 500公克   塩 少許

奶油 35公克   白胡椒粉 少許

牛骨肉汁 300毫升   雞蛋麵 二份

水 200毫升

胡蘿蔔切塊 120公克

做法

· 將先將牛肉以加入紅酒及月桂葉漬泡約 30 分鐘後取出牛肉並濾乾水份備用

· 成品應略帶有些許濃稠的醬汁同時牛肉與胡蘿蔔均完全熟化並帶有適當的調味

· 鍋內加入奶油後先將牛肉煎到上色再加入牛骨高湯及水同時加入胡蘿蔔塊並煮到牛肉軟嫩且胡蘿蔔熟化後調味

· 雞蛋麵先以沸水煮到熟後取出並以奶油炒香後再放入盤裡並與燴牛肉稍微的分開

· 成品完成後須使用主菜盤盛裝，麵與牛肉不可重疊須稍微分開

香草餡奶油泡芙

Cream puff with vanilla custard flling

食譜配方

香草泡芙餡A
牛奶 150毫升
砂糖 50公克

香草泡芙餡B
牛奶 100毫升
高筋麵粉 25公克
玉米粉 10公克
香草精粉 少許
蛋黃 1顆

泡芙體A
奶油 40公克
水 100毫升

泡芙體B
高筋麵粉 60公克
塩 少許

泡芙體C
雞蛋 2顆
糖粉 (裝飾用)少許

做法

· 先將香草泡芙餡 A 的部份混合並以小火慢慢的加熱至煮沸的狀態

· 取另一容器將香草泡芙餡 B 的部份（不含蛋黃）拌勻

· 將拌均好的香草泡芙餡 B 的部份徐徐的加入煮沸中的香草泡芙餡 A 裡並同時快速的攪拌

· 香草泡芙餡待煮到濃稠後離火再加入蛋黃拌均並放入冰箱裡冷藏備用

· 先將泡芙體 A 的部份以小火慢慢的加熱至煮沸且奶油已溶化後再加入泡芙體 B 的部份並快速的拌均至成團

· 先加入 1 顆雞蛋並拌勻至與麵團完全咬合後再加入另 1 顆雞蛋拌勻至完全咬合

· 攪拌好的泡芙體麵團應呈現帶有稍微濃稠的糊狀，使用擠花袋將泡芙麵團擠成大小一致的小泡芙並放入已預熱的烤箱裡烘烤到熟，烤箱溫度設定為 180 度 C，烤焙時間約為 15 分鐘，待整體泡芙烤定型後再將溫度調為 130 度 C 烤約 15 分鐘即可取出

· 將烤好的泡芙於底部再裝填入稍早所製作的香草泡芙餡放入盤裡後再撒上些許的細糖粉即可

POINT
(1)做好的泡芙大小要均勻
(2)成品要有空心且有填入餡料
(3)成品須撒上些許的糖粉做為裝飾
(4)成品每盤要有三顆

鮪魚沙拉三明治
Tuna fish salad sandwich

食譜配方

鮪魚餡

洋蔥碎 半顆

酸黃瓜碎 1條

西芹碎 1根

沙拉醬 100g

罐頭鮪魚去除油脂 1罐量

黑胡椒碎 少許

主食材A

白吐司 四片

鮪魚餡 1大匙量

做法

· 將上述所有食材全部混合均勻即可

· 將白吐司抹上適量的鮪魚餡

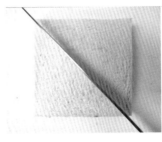

· 修去四邊並對切成三角型即可放入盤中

POINT

(1)鮪魚醬抹入麵包時要均勻

(2)吐司要記得修邊

(3)白吐司不可以烤

(4)鮪魚醬攪拌時不能出水

雞肉清湯附蔬菜小丁

Chicken consomm with vegetable "brunoise"

食譜配方

切丁食材
洋蔥 35公克
西芹 25公克
胡蘿蔔 25公克

雞肉清湯
洋蔥 100公克
西芹 80公克
胡蘿蔔 100公克
蒜苗 70公克
雞胸肉 二片量

雞高湯 1公升
蛋白 2顆量
月桂葉 1片
焦化洋蔥 一片

做法

· 放在爐台上小火慢慢的加熱，同時使用木匙以同一方向慢慢的攪拌

· 攪拌直到整體雞肉與蔬菜完全的結合在一起並形成片狀後立即停止攪拌，同時注意保持小火煮沸的狀態

· 待時間約為半小時後將煮好的雞肉清湯以紗布過濾並撈去多餘的油脂

· 將上述食材切成小丁狀

· 將上述蔬菜及雞胸肉的部份全部切成碎狀

· 將所有食材混合後加入冷的雞高湯及焦化洋蔥

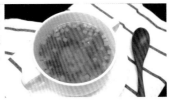

· 將煮好的雞肉清湯再加入先前切好的蔬菜小丁並以小火煮到蔬菜小丁熟化後即可以出餐

POINT

(1)湯的呈現要清澈且不可以有太多的浮油

(2)成品調味要適中不可以使用白胡椒粉做為調味

(3)蔬菜的刀工要整齊約切為0.3公分正方丁

洋菇煎豬排附橄欖形胡蘿蔔

Pork chop in brown mushroom
sauce with turned carrots

食譜配方

蘑茹醬汁A
奶油 15公克
洋蔥碎 1大匙
蘑菇片 4朵量
雞骨肉汁 200毫升
塩 少許
白胡椒粉 少許

主食材B
奶油 40公克
胡蘿蔔 400公克
帶骨豬排 2片
塩 少許
白胡椒粉 少許

做法

· 將洋蔥碎及蘑菇片以奶油炒香

· 加入雞骨肉汁煮到醬汁有點濃稠後再做調味

· 胡蘿蔔先削成橄欖的造型後放入沸水中煮到熟後再以奶油煎上色備用

· 同一個鍋子不用洗將帶骨豬排先調味後再放入鍋內煎到上色後以烤箱烤到熟

· 成品完成

POINT
(1)胡蘿蔔要削成橄欖形每盤要三顆且要煮熟
(2)蘑茹切作片狀炒過上色
(3)豬排要注意有無熟透

巧克力慕思
Chocolate mousse

食譜配方

刮花巧克力 20公克

溶化巧克力 100公克

蛋黃 1顆

蘭姆酒 1小匙

水 1小匙

香草精 少許

蛋白 1顆

白砂糖 15公克

做法

· 巧克力先以削皮刀削出巧克力花放進冰箱裡備用

· 將溶化的巧克力先以隔水加熱的方式溶化後再加入蛋黃、蘭姆酒、水與香草精拌勻

· 將蛋白加入砂糖打發好後再加入先前拌勻好的蛋黃、蘭姆酒、水與香草精的巧克力

· 再加入打發鮮奶油拌勻即為巧克力慕司

· 將製作完成的巧克力慕司裝入擠花袋裡並裝填入馬丁尼杯後再於上頭撒上些許的巧克力花即完成

POINT

(1)成品要有滑順的口感

(2)成品要裝入雞尾酒杯

筆記

術科試題

試題編號：14000-910302

炒蛋附脆培根及蕃茄

Scrambled egg garnished with crispy bacon and tomato

食譜配方

烤脆培根片
培根片 4片

炒小蕃茄
小蕃茄 6顆
奶油 少許
塩 少許

炒蛋
雞蛋 6顆
鮮奶油 200毫升
奶油 15公克
塩 少許

做法

· 將培根片放上烤皿上並以烤箱或是上火明烤箱烤至油脂逼出後呈現脆片狀

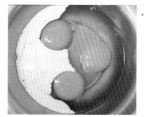

· 將雞蛋打入碗裡後加入鮮奶油及少許的塩後打散後備用

· 小蕃茄先在表面劃上淺淺的刀痕後放入熱水中煮到表皮與果肉分離，再以奶油稍微拌炒一下並加入少許的塩調味

· 炒鍋內加入奶油溶化後再倒入打散的蛋液並以小火慢慢的炒到熟（過程中需不停的攪拌直到蛋液完全熟）

· 將上述各別完成的所有食材擺入盤中即可

POINT
(1)雞蛋要炒熟
(2)培根要烤到上色且呈現酥脆的口感
(3)蕃茄要去皮並炒過調味

翠綠沙拉附藍紋乳酪醬

Green salad served with blue cheese dressing

食譜配方

綜合生菜
美生菜 100公克
蘿蔓生菜 120公克
小黃瓜 半根量

沙拉醬汁
蒜頭碎 5公克
藍紋乳酪 15公克
沙拉醬 100公克
酸奶油 35公克
塩 少許
白胡椒粉 少許

做法

· 將上述所有生菜撕成適當的大
  小並泡入冰水中冰鎮約 10 分鐘
  後取出並濾乾水份

· 將沙拉醬的所有食材依配方比
  例混合均勻後並試味道,再放
  入醬汁盅裡即可

· 成品需將醬汁及綜合生菜分開
  放

POINT

(1)醬汁調味要適中

(2)醬汁要另外附上,不可以淋上生菜

(3)生菜不可帶有水份且需挑過洗過飲用水

蒜苗馬鈴薯冷湯

Vichyssoise (potato and leek chilled soup)

食譜配方

白吐司切丁烤到上色 1片　　　鮮奶油 150毫升
奶油 少許　　　　　　　　　　塩 少許
培根 1片　　　　　　　　　　白胡椒粉 少許
蒜苗白色部份 1根
馬鈴薯切塊 1顆量
雞高湯 500毫升

做法

· 白吐司先切成小方塊丁後以明火烤箱烤到上色備用，或是以平底鍋炒也可以

· 湯鍋中先以少量的奶油炒香培根及蒜白後加入切塊的馬鈴薯及雞高湯並以小火慢慢的煮到馬鈴薯熟化同時高湯的量也濃縮約剩原來的 2/3 量

· 加入配方中的鮮奶油再煮約 5 分鐘並調味，關火移到旁邊冷卻一下

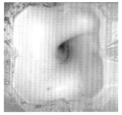

· 將冷卻後的湯品放入果汁機裡打到質地均勻無顆粒感後取出

· 將打勻後的湯品倒入湯盤中並在其上頭加入些許的烤麵包丁

POINT

(1)成品要注意濃稠度

(2)味道調配要適中

(3)成品可放入烤過的麵包丁

原汁烤全雞附煎烤馬鈴薯

Roasted chicken aujus with potato cocotte

食譜配方

全雞處理好 1隻　　月桂葉 2~3片

馬鈴薯 1顆　　　　百里香 少許

西芹塊 2支量　　　塩 少許

胡蘿蔔塊 半根量　　白胡椒粉 少許

洋蔥 半顆量　　　　奶油 少許

蒜苗 1支量

做法

· 將蔬菜全部切成塊狀均勻的鋪在烤盤上

· 將整隻雞及削好的馬鈴薯放進烤箱裡一同烤到熟，馬鈴薯如提早熟化後可先取出保溫

· 將處理好的雞肉綁上綿繩後在其肚裡放進切好的蔬菜、奶油、及香料

· 將烤好的雞肉從中間切成二半後各分成二盤再放上烤好的馬鈴薯即可

POINT

(1)雞肉要烤熟

(2)烤好的馬鈴薯每盤要三顆

煎烤火腿乳酪三明治
Griddled ham and cheese sandwich

食譜配方

白吐司 4片
奶油 少許
火腿片 2片
起士片 4片

做法

· 先將吐司抹上奶油後煎到上色,再將煎好的的白吐司先放上起士再放上火腿再放起士,將另一面吐司覆蓋其上對切成三角形就行了

· 成品切口需整齊且不可修邊

POINT

(1)吐司要抹上奶油並烤上色

(2)成品或可切成長方形

(3)每盤要有二片

尼耍斯沙拉

Nicoise salad

食譜配方

主食材A
四季豆削去兩端從中間對半切 / 約12根
牛蕃茄去籽去皮切粗條 / 1顆
水煮蛋煮到熟切成四等份 /2顆
馬鈴薯帶皮煮到熟後去皮切成粗條 / 約16根
美生菜泡冰水濾乾水份後 / 約150g
鮪魚罐濾除油脂 / 1罐量
黑橄欖對半切 / 約8顆
酸豆 / 適量

沙拉醬汁B
白酒醋 30毫升
橄欖油 90毫升
塩 少許

做法

· 將上述所有食材
  依刀工配方切好
  備用

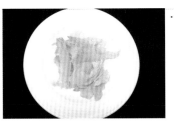

· 美生菜泡冰水約 5
  分鐘後濾乾水份後
  撕成片狀約 5~6 片
  放入盤中

· 將醬汁的配方食材依比例混合後淋
  上擺好的沙拉盤上

POINT
(1)蔬菜切割要注意刀工一致
(2)生菜要淋上橄欖油
(3)四季豆要有煮熟

奶油青花菜濃湯

CREAM of broccoli soup

食譜配方

食材A
奶油 少許
培根切絲 1片
青花菜(分成梗及花)
梗的部份 1顆
洋蔥 半顆

食材B
馬鈴薯 1顆
雞高湯 800毫升

食材C
青花菜(分成梗及花)
花朵部份 1顆
鮮奶油 150毫升
塩 少許
白胡椒粉 少許

做法

- 將食材 A 的部份放入
  湯鍋內炒香

  - 待青花菜花朵的部份煮
    到軟化後移到果汁機裡
    打均

- 加入食材 B 的部份煮
  到馬鈴薯熟化

  - 在果汁機裡打均後移到原本
    的高湯鍋裡煮並調味到適中
    後即可以盛入湯碗中

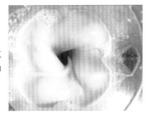

- 待馬鈴薯熟化後加入
  食材 C 的部份續煮約
  5 分鐘

  - 盛入湯碗裡的青花菜
    濃湯可再於上頭點綴
    些許的鮮奶油裝飾即
    可

POINT
(1)青花菜要有煮熟
(2)食材入果汁機時要打均勻
(3)成品須有調味

乳酪奶油焗鱸魚排附水煮馬鈴薯
Seabass fillet alamornay with boiled potatoes

食譜配方

水煮馬鈴薯A
奶油 15公克
馬鈴薯 2顆
義大利香芹 少許
塩 少許
白胡椒粉 少許

乳酪奶油B
牛奶 150毫升
奶油 10公克
鮮奶油 70毫升

稠化劑C
高筋麵粉 20公克
橄欖油 25毫升

乳酪D
起士絲 40公克
帕馬森起士 20公克

鱸魚排E
鱸魚 1隻

做法

· 將馬鈴薯削成五刀狀的酒桶形並放入水裡煮到熟後取出再於鍋內以奶油上色後撒入些許的義大利香芹並調味即可取出擺入盤裡

· 將乳酪奶油B裡的全部食材放入鍋內以小火慢慢的加熱同時再加入稠化劑C的部份

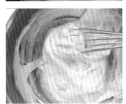
· 待稠化劑完全加入後產生濃稠感再加入乳酪D的部份並快速的拌勻備用

· 鱸魚去骨去皮後調味並以平底鍋煎上色後放入烤箱裡烤到熟取出擺入磁盤裡

· 將鱸魚擺入盤裡後再淋上稍早完成乳酪醬並於上火明烤箱裡烘烤到上色即可取出

· 成品應附有二顆水煮馬鈴薯,並確認鱸魚需有熟

POINT
(1)鱸魚要去骨去皮且煎上色
(2)起士醬調味要適中且濃稠度要適當
(3)馬鈴薯要削成酒桶形且要沾上義大利香芹碎

蛋黃醬通心麵沙拉
Macaroni salad with mayonnaise

食譜配方

通心麵 60公克

洋蔥絲 40公克

西芹絲 40公克

青椒絲 35公克

紅椒絲 35公克

蒜頭碎 2顆量

沙拉醬 50公克

塩 少許

白胡椒粉 少許

做法

· 將通心麵煮到熟後放涼備用，蒜頭切碎，其餘
食材則是全部切成絲

· 將所有備好的食材全部拌勻並調味就可以了，
注意拌好的成品不可以出水

POINT

(1)食材中的西芹要煮熟

(2)其餘蔬菜刀工要整齊

(3)沙拉拌勻沙拉醬時不可以有出水的現象

蔬菜絲雞清湯

Chicken consomm alajulienne

食譜配方

切絲食材
洋蔥 35公克
西芹 25公克
胡蘿蔔 25公克
蕃茄 20公克

雞肉清湯
洋蔥 100公克
西芹80公克
胡蘿蔔100公克
蒜苗 70公克
雞胸肉 二片量
雞高湯 1公升
蛋白 2顆量

月桂葉 1片
焦化洋蔥 一片

做法

· 將上述食材切成細絲狀

· 將上述蔬菜及雞胸肉的部份全部切成碎狀

· 將所有食材混合後加入冷的雞高湯及焦化洋蔥

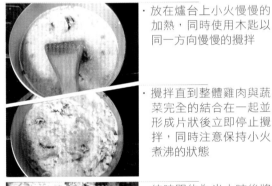

· 放在爐台上小火慢慢的加熱,同時使用木匙以同一方向慢慢的攪拌

· 攪拌直到整體雞肉與蔬菜完全的結合在一起並形成片狀後立即停止攪拌,同時注意保持小火煮沸的狀態

· 待時間約為半小時後將煮好的雞肉清湯以紗布過濾並撈去多餘的油脂

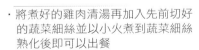

· 將煮好的雞肉清湯再加入先前切好的蔬菜細絲並以小火煮到蔬菜細絲熟化後即可以出餐

POINT
(1)成品要呈現清澈且不可有太多的浮油產生
(2)蔬菜絲刀工要一致

煎豬排附燜紫高麗菜

Pan fried pork loin with braised red cabbage

西餐

丙級
檢定書

食譜配方

奶油 20公克

洋蔥絲 80公克

蘋果 1顆

紫高麗菜 230公克

月桂葉 1~2葉

雞高湯 少許

白酒醋 1大匙

砂糖 2大匙

豬里肌 6片

做法

· 鍋內加入奶油後先加入月桂葉炒香洋蔥絲、蘋果絲以及紫高麗菜後並持續炒到軟化

· 待炒到軟化後加入些許的雞高湯及白酒醋

· 加入砂糖並煮到軟化後再試味道

· 使用平底鍋先以少量的奶油將已調味的豬里肌肉先到上色後再放入烤箱裡烤到熟就可以取出

· 將煎好並烤熟的豬里肌擺盤

POINT

(1)豬排要煎到熟，烹調前要先以白葡萄酒醃漬

(2)紫高麗菜絲刀工要整齊且燜煮後要有呈現亮麗的紫色

焦糖布丁
CRMECARAMEL

食譜配方

焦糖
白砂糖 50公克
水 20毫升

布丁
白砂糖 50公克
牛奶 250毫升
雞蛋 2顆
香草精 少許

做法

· 將配方中的水與白砂糖混合後以小火慢慢的煮到鍋緣產生焦糖色，離火並搖晃均勻至整個焦糖合部均勻即成焦糖漿

· 將煮好的焦糖漿倒入布丁模型裡淺淺的一層就可以了

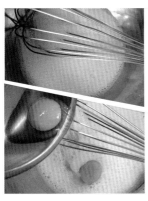

· 取一攪拌鍋先倒入配方中的牛奶、白砂糖及香草精混合後並於爐火上煮到牛奶沸騰離火

· 加入雞蛋並且快速的攪拌均使雞蛋完全的與牛奶混合均勻

· 將布丁以隔水加熱的方式放入烤箱裡烘烤到熟 / 烤焙溫度為150 度 C，烤焙時間約為 40 分

· 烤好的布丁需先放入冰箱裡直到完全的冷卻後才可以進行脫模的動作

· 烤好的布丁不可以有太多的孔洞表面要光滑且帶有焦糖色澤

POINT

(1)每盤一或二個布丁均可

(2)烤好的布丁不可有過多的孔洞

(3)須有焦糖的色澤且不苦

(4)成品要以冰涼的方式呈現

德式熱馬鈴薯沙泣
Warmed German potato salad

食譜配方

沙拉油 少許
洋蔥碎 1大匙
蒜頭碎 1小匙
培根絲 1片
切片並煮熟的馬鈴薯 2顆
法式芥末醬 1茶匙
塩 少許
白胡椒粉 少許
蝦夷蔥或青蔥 少許

做法

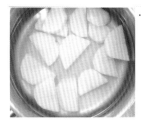

· 馬鈴薯切成約0.8公分厚片後以水煮熟，水中加入些許的塩調味

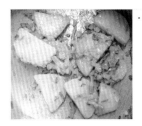

· 拌炒均勻後再擺入盤中即可

· 另取一個鍋子以沙拉油炒香洋蔥碎、蒜頭碎及培根碎等，再加入煮熟的馬鈴薯、法式芥末醬及蝦夷蔥後並調味

· 成品需注意馬鈴薯不可煮到碎裂，調味應適中

POINT

(1)馬鈴薯要煮熟

(2)成品要有拌入法式芥末醬的味道但不可以太多

(3)調味要適中須有培根及洋蔥的香氣

奶油洋菇濃湯

CREAM OF MUSHROOM SOUP

食譜配方

奶油 20公克

洋蔥切小丁 50公克

月桂葉 1~2片

百里香葉 少許

洋菇切片 230公克

雞高湯 500毫升

鮮奶油 250毫升

義大利香芹碎(點綴用) 少許

做法

· 蘑菇洗淨後切成片狀

· 加入雞高湯及鮮奶油並以以小火慢煮到水量濃縮剩約 2/3 量後倒入果汁機內打到質地均勻

· 將一湯鍋先以奶油炒香洋蔥及月桂葉與百里香葉後加入蘑菇片續炒至軟化

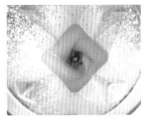

· 放入果汁機裡前需先將月桂葉給挑除，另外也需完全的打到無顆粒感才行

· 成品完成後放入湯碗裡並在上頭點綴些許的鮮奶油及義大利香芹碎即可

POINT

(1)須注意湯的濃稠度不可太稀或太濃

(2)成品要有蘑菇的香氣

(3)調味要適中

(4)成品不可以加入麵粉

匈牙利燴牛肉附奶油飯

Hungarian Goulash with pillaf rice

食譜配方

奶油飯
奶油 少許
洋蔥碎 25公克
蒜頭碎 15公克
米 120公克
雞高湯 300毫升
塩 少許

燴牛肉
奶油 少許　　　　　紅葡萄酒 少許
洋蔥 25公克　　　　牛肉高湯 350毫升
蒜頭碎 15公克　　　馬鈴薯 1顆量
牛肉 450公克　　　　酸奶油 30公克
匈牙利紅椒粉 適量
月桂葉 1~2葉
蕃茄糊 25公克

做法

· 使用奶油將洋蔥及蒜頭炒香

· 加入洗淨且濾乾的米及雞高湯煮到滾後加入少許的塩調味後蓋上錫箔紙並放入烤箱裡烤約15分鐘後再拌勻悶一下到熟後先放在爐枱上保溫

· 取另一鍋子再加入奶油、洋蔥碎及蒜頭碎炒香後再加入已經醃過匈牙利紅椒粉的牛肉煎到上色後先加入些許的紅葡萄酒後再加入蕃茄糊及月桂葉

· 加入配方中牛骨高湯及切成塊狀的馬鈴薯一同煮到有點濃稠並調味試味道就可以盛盤了

· 在成品牛肉上再放上一湯匙的酸奶油

POINT
(1)牛肉要有調味且刀工大小要一致
(2)奶油飯須煮熟且不可以出油

烤蘋果奶酥
Apple crumble

食譜配方

塔皮A
高筋麵粉 50公克
軟化奶油 25公克
水 10毫升

蘋果餡B
奶油 20公克
蘋果 1顆
葡萄乾 20公克
蘭姆酒 1小匙
細砂糖 1小匙
肉桂粉 1小茶匙

奶酥餡C
奶粉 20公克
細砂糖 25公克
低筋麵粉 60公克
奶油 40公克
雞蛋 1顆
糖粉(點綴用) 少許

做法

· 將塔皮的配方食材全部混合均勻

· 將混合均勻的塔皮揉成麵團後均分為二等分

· 於模型裡將塔皮麵團以大姆指按壓成如模型杯狀放入烤箱,溫度為180度C,時間約為 15 分鐘

· 烤好的塔皮先行放入冰箱裡冷卻備用(不可脫模)

· 奶酥餡依配方比例全部混合均勻後再　上蘋果餡上並放入烤箱,溫度為180 度 C,時間約為 10 分鐘

· 將蘋果去皮切片後以奶油炒軟再加入葡萄乾、細砂糖、蘭姆酒及少量的肉桂粉拌炒至味道均勻

· 將放置在冰箱裡的塔皮填入炒好的蘋果餡

· 烤好的蘋果奶酥在上頭再撒上些許的糖粉做為裝飾即可

POINT
(1)每盤須有二顆
(2)蘋果要加入肉桂粉的味道
(3)成品要撒上糖粉

主廚沙拉附油醋汁
Chef's salad served with vinaigrette

食譜配方

主食材A
美生菜 3~4葉
胡蘿蔔 80公克
巧達起士 60公克
雞胸肉 1片
水煮蛋 2顆
牛蕃茄 1顆
黑橄欖 6顆
火腿片 2片
小黃瓜 100公克
黑胡椒牛肉片 70公克

油醋汁B
白酒醋 30毫升
橄欖油 90毫升

做法

- 美生菜先撕成中大片狀後泡冰水約 5~10 分鐘後濾乾水份並放入盤裡
- 胡蘿蔔去皮後切作條狀備用
- 雞胸肉去皮後以水煮的方式慢火煮到熟並切作條狀

- 將白酒醋及橄欖油依照比例混合即可

- 小黃瓜以斜切的方式切成片
- 牛蕃茄以斜切的方式切成片
- 水煮蛋放入水中並以小火慢煮到全熟後撈起並泡入冰水中直到冷卻再去殼切成片
- 黑橄欖切對半
- 巧達起士片切成條狀
- 火腿片切作條狀

POINT
(1) 生菜要挑過並用飲用水洗過
(2) 食材須注意刀工大小整齊
(3) 醬汁的調配要均勻

蘇格蘭羊肉湯
Scotch broth

食譜配方

沙拉油 少許　　　　煮熟的薏仁 50公克
羊腿肉 200公克　　雞高湯 500毫升
洋蔥丁 35公克　　　義大利香芹 少許
西芹丁 30公克　　　月桂葉 1~2葉
胡蘿蔔丁 30公克　　百里香葉 少許
白蘿蔔丁 25公克　　塩 少許
高麗菜 30公克　　　白胡椒粉 少許
培根丁 半片量

做法

· 鍋內加入少許的沙拉油炒香羊腿肉丁後再加入培根及其餘蔬菜丁（不含高麗菜丁）續炒至香氣出來

· 成品不可以有太多的浮油，且調味要適中

· 加入雞高湯及高麗菜丁、薏仁後持續的煮到薏仁熟化並調味

· 成品應使用雙耳湯碗盛裝較為適合

POINT

(1)食材注意刀工大小一致
(2)成品不可以有太多的浮油
(3)成品或可加入義大利香芹點綴

白酒燴雞附瑞士麵疙瘩

Chicken fricassee with spaetzle

食譜配方

麵疙瘩
高筋麵粉 120公克
雞蛋 1顆
牛奶 70公克
塩 少許

白酒燴雞
奶油 20公克
洋蔥碎 35公克
蒜頭碎 20公克
雞肉 分切八塊
塩 少許
白胡椒粉 少許
白葡萄酒 少許

麵粉 30公克
雞高湯 200毫升
鮮奶油 150毫升
月桂葉 1~2葉
百里香葉 少許
義大利香芹碎 少許

做法

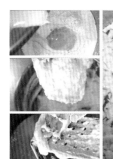

· 將配方中的食材全部混合均勻

· 混合後應呈現帶有些許的濃稠狀且會黏手的狀態

· 將麵團使用孔狀切割工具刮過後使其掉入熱水中

· 當刮好的麵團入熱水裡煮到熟後就會浮起來而形成麵疙瘩,此時先撈起放涼備用

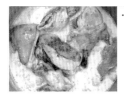

· 雞肉先分切成八塊雞的各部位後以塩及白胡椒分調味後放入鍋內以奶油煎到上色再加入些許白葡萄酒後再取出備用

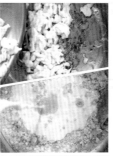

· 同一個鍋子不用洗再加入剛剛煮好的麵疙瘩並以些許奶油炒香後取出保溫

· 同一個鍋子再加入洋蔥碎、蒜頭碎稍微炒一下再加入麵粉、鮮奶油、雞高湯、月桂葉、百里香葉煮一下

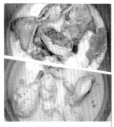

· 此時再加入剛剛煎好的雞肉續煮直到醬汁帶有些許的濃稠同時雞肉也熟化後就可以取出盛盤

· 醬汁需均勻的包裹住雞肉且不可太過於濃稠,味道要適中

· 成品需放置於盤中且與瑞士麵疙瘩於盤中有些許的分開

POINT
(1)成品每盤要有四塊包含胸及腿肉

(2)醬汁不可以出油

(3)麵疙瘩煮好後要用奶油稍微的炒過

炸蘋果圈
Apple fritters

食譜配方

主食材A
蘋果片 6片
砂糖 少許
櫻桃酒 少許
肉桂粉 少許
高筋麵粉 適量

麵糊漿B
高筋麵粉 100公克
水 110毫升
雞蛋 1顆
沙拉油 15毫升
塩 適量

做法

· 蘋果切約 0.8 公分厚片

· 將醃漬好的蘋果先沾上少許的麵粉後再沾麵糊漿後油炸

· 使用蘋果去核器去除中間的蘋果核備用

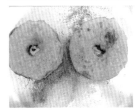

· 炸好的蘋果圈再均勻的沾附些許的肉桂粉及砂糖

· 將蘋果片加入少許的肉桂粉、砂糖、櫻桃酒醃漬約 10 分鐘

· 成品應呈現漂亮的金黃澤且帶有適當的肉桂香氣

POINT
(1)蘋果要去皮且中間的果核要取出
(2)麵糊調配要注意濃稠度
(3)每盤要三片蘋果圈
(4)成品要有撒上肉桂粉及糖粉

筆記

術科試題

試題編號：14000-910303

煎恩利蛋

Plain omelette

食譜配方

雞蛋 6顆

鮮奶油 2大匙

塩 少許

白胡椒粉 少許

沙拉油 1小匙

做法

· 將雞蛋打勻並過濾後加入鮮奶油及調味

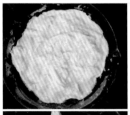

· 鍋內加入少許的沙拉油後再加入調味好的蛋液並快速的打勻成片狀

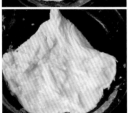

· 將兩邊的蛋片先向內對折

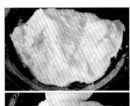

· 再將中間的蛋片向內對折

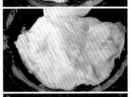

· 將中間的蛋片再對折翻轉一次

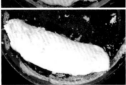

· 形成一有弧度的蛋捲

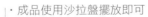

· 成品使用沙拉盤擺放即可

POINT

(1)蛋的外形要適中

(2)成品內部組織要熟透

義大利蔬菜湯

MINESTRONE

食譜配方

橄欖油 1大匙　　　　　蒜頭碎 10公克

培根丁片 30公克　　　通心麵 60公克

馬鈴薯丁 35公克　　　雞高湯 400毫升

洋蔥丁片 40公克　　　塩 少許

西芹丁 30公克　　　　白胡椒粉 少許

蕃茄丁35公克　　　　起士粉 1大匙

高麗菜丁片 40公克

做法

· 鍋內加入橄欖油後先炒香上述所有蔬菜丁及蕃茄糊

· 加入雞高湯煮到蔬菜熟化後再加入通心粉續煮約5分鐘後調味

· 將製作好的成品盛入湯碗裡再撒上些許的起士粉

POINT

(1)成品要加入通心麵及起士粉

(2)蔬菜刀工要切成大小一致的蔬菜片

(3)調味要適中

翠綠沙拉附法式沙拉醬

Green salad with French dressing

食譜配方

綜合生菜
美生菜 100公克
蘿蔓生菜 120公克
小黃瓜 半根量

沙拉醬汁
蒜頭碎 5公克
法式芥末醬 10公克
沙拉醬 100公克
雞骨高湯 少許
塩 少許
白胡椒粉 少許

做法

· 將上述所有生菜撕成適當的大小並泡入冰水中冰鎮約 10 分鐘後取出並濾乾水份

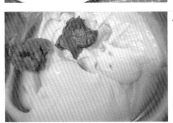

· 將上述沙拉醬的所有食材依配方比例混合均勻後並試味道，再放入醬汁盅裡即可

· 成品需將醬汁及綜合生菜分開放

POINT
(1)醬汁不可以太稀且要另外放不可以淋上
(2)生菜要挑過並用飲用水洗過

藍帶豬排附炸圓柱形馬鈴薯泥

Pork Cordon Bleu with potato croquettes

食譜配方

藍帶豬排

豬里肌 4片 400公克　麵包粉 適量

火腿 2片　　　　　　檸檬 1顆

起士片 2片　　　　　沙拉油 300毫升

塩 少許

白胡椒粉 少許

高筋麵粉 適量

雞蛋 1顆

圓柱形馬鈴薯泥

馬鈴薯 2顆

雞蛋 半顆

奶油 10公克

鮮奶油 1大匙

塩 少許

白胡椒粉 少許

做法

· 將二片豬里肌拍打至鬆散後於中間包進起士及火腿片並調味

· 將包裹起士及火腿的豬里肌肉先沾上麵粉再沾上蛋液

· 再沾上麵包粉備用

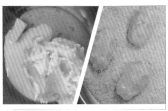

· 將馬鈴薯切片煮熟後取出並搗成泥狀，加入奶油、鮮奶油、及蛋液後並調味

· 將馬鈴薯泥揉成圓柱形後依序先沾上麵粉、蛋液再沾麵包粉備用

· 沙拉油倒入鍋內約 300~400 毫升並加熱先炸馬鈴薯泥至上色後取出

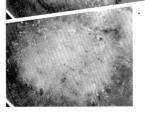

· 同一油炸鍋再放入沾好麵包粉的藍帶豬排油炸至表面呈現金黃色澤後取出再放入烤箱裡烘烤到內部豬里肌熟化即可取出擺入盤裡

· 烤好的藍帶豬排再附上圓柱形馬鈴薯泥及一片檸檬角

POINT

(1)馬鈴薯要煮熟並呈現圓柱形且每盤須有三顆

(2)成品須附上檸檬角

(3)炸好的豬排不可有起士外漏的現象

炒蛋附炒洋菇片

Scrambled egg with sauted sliced mushroom

食譜配方

炒洋菇片
沙拉油 少許
洋菇切片 6朵量
洋蔥碎 1/4顆
塩 適量
白胡椒粉 適量

炒蛋
沙拉油 少許
雞蛋 打散 6顆
鮮奶油 100cc

做法

· 以平底鍋加入少許的沙拉油炒香洋蔥碎及蘑菇片備用

· 作品的成現需將二者稍微於盤中分開，不可以將二者混合或是堆疊

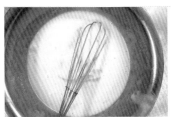

· 將雞蛋打散並加入鮮奶油攪拌均勻

· 將攪拌均勻的蛋汁放入平底鍋裡以少許的沙拉油炒到熟即可取出盛盤

POINT
(1)炒蛋須熟透
(2)蘑菇須切片以洋蔥炒過不可以出水
(3)二者須稍微的於盤內分開

蔬菜片湯

Paysanne soup

食譜配方

奶油 少許

洋蔥切片 35公克

白蘿蔔切片 35公克

胡蘿蔔切片 35公克

西芹切片 30公克

紅蕃茄去皮去籽切片 35公克

馬鈴薯切片 40公克

高麗菜切片 25公克

月桂葉 1片

雞高湯 500毫升

塩 少許

白胡椒粉 少許

做法

· 湯鍋內以少量的奶油炒香蔬菜及香料

· 加入雞高湯並以小火慢慢的煮到蔬菜軟化並調味

· 成品上頭不可有太多的浮油，故在一開始的時候奶油添加時不可太多

POINT

(1)蔬菜要切成正方丁片狀

(2)成品須調味

高麗菜絲沙拉
Coleslaw

西餐

食譜配方

高麗菜切寬絲
約0.5公分厚 400公克
胡蘿蔔切細絲
約0.2公分厚 50公克
塩 少許
沙拉醬 適量

做法

· 將切好的高麗菜及胡蘿蔔加入少許的塩脫水

· 待高麗菜及胡蘿蔔脫水完畢後先試吃一下,如覺得太鹹需以飲用水洗滌一下並且濾乾後,之後再加入沙拉醬拌勻就可以了

· 拌勻好沙拉醬的沙拉擺入盤中後不可有出水的現象,否則除成品不美觀外,也會被扣分

POINT

(1)蔬菜刀工要切成絲狀
(2)成品拌入沙拉醬後不可以有出水的現象

煎鱸魚排附奶油馬鈴薯

Seabass fillet meuniere with buttered potatoes

食譜配方

主食材A
鱸魚菲力 2片
塩 少許
白胡椒粉 少許
麵粉 少許
奶油 少許

橄欖型馬鈴薯B
馬鈴薯成橄欖型 6顆
奶油 少許
義大利香芹碎 少許

奶油檸檬醬汁C
檸檬汁 半顆
奶油 少許
塩 少許

做法

· 將魚菲力去皮後調味並沾上些許的麵粉以奶油煎上色後再放入烤箱裡烤到熟取出

· 煎完馬鈴薯的鍋子再加入些許的檸檬汁後淋上烤火的魚排上,如覺得醬汁太乾可再加入些許奶油溶化

· 馬鈴薯先削成橄欖型後再以熱水煮到熟取出後以煎魚的鍋子再加入少許的奶油及義大利香芹碎稍微煎上色

· 成品需附上一片檸檬角在側邊

POINT
(1)成品須有香芹碎做為點綴
(2)馬鈴薯要削成橄欖形
(3)魚菲力須有沾粉入鍋煎的動作

總匯三明治附薯條

Club sandwich with Frenchfries

食譜配方

奶油 20公克

白吐司 6片

沙拉醬 30公克

培根 4片

雞胸肉 1片

美生菜 150公克

牛蕃茄 1顆

水煮蛋 2顆

冷凍薯條 230公克

做法

· 將白吐司先抹上些許的奶油後再放入烤箱裡烤到上色，在表面上塗上些許的沙拉醬
· 培根先烤到上色切對半
· 雞胸肉先以水煮到熟後再切成片狀放涼

· 在最後的一片白吐司片上先插上竹籤或牙籤等定型

· 將另一片白吐司再　上些許的沙拉醬後蓋上雞胸肉上再依序鋪上美生菜、蕃茄片、水煮蛋片、白吐司

· 將疊好的三明治切成對等的三小份三明治後並擺入盤裡，在於中間放入己炸好的冷凍薯條

POINT

(1)吐司須烤上色且修去四邊

(2)每盤須切成四小等份

(3)成品須使用牙籤固定

(4)薯條要炸熟

曼哈頓蛤蜊巧達湯
Manhattan clam chowder

食譜配方

蛤蜊做法A
蛤蜊 200公克
水 400毫升
塩 少許

蔬菜丁切割及湯品製備B
沙拉油 1大匙
培根丁 1片
洋蔥丁 50公克
胡蘿蔔丁 30公克
青椒丁 30公克
蕃茄丁 250公克
蒜頭碎 15公克
西芹丁 30公克

馬鈴薯丁 50公克
百里香葉 少許
月桂葉 1~2葉
雞高湯 200毫升
梅林辣醬油 1小匙
塩 少許
白胡椒粉 少許

做法

· 蛤蜊先行吐砂後再以配方中的水煮到熟並取出蛤蜊肉

· 加入些許的梅林辣醬油再拌炒一下

· 鍋內先以沙拉油炒香所有蔬菜丁的部份及香料

· 加入雞高湯及蛤蜊湯汁並煮到蔬菜熟化並調味

· 成品不可有過多的浮油帶有蔬菜的香味，調味要適中

POINT
(1)所有食材刀工大小須一致
(2)蕃茄須去皮去籽
(3)成品不可有太多的浮油

炸麵糊鮭魚條附塔塔醬

Salmon Orly with TARTAR SAUCE

食譜配方

麵糊漿A
高筋麵粉 100公克
牛奶 90毫升
雞蛋1顆
沙拉油 10毫升
塩 少許

塔塔醬B
沙拉醬 80公克
酸黃瓜碎 15公克
酸豆碎 3公克
洋蔥碎 30公克
義大利香芹碎 少許

主食材C
鮭魚 450公克

做法

· 將麵糊漿的食材全部混合在一起並攪拌均勻放進冰箱中冷藏後再使用

· 將塔塔醬的食材全部混合拌勻後裝入醬汁盅裡即可

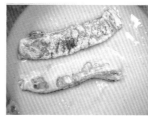

· 將沾上麵粉的鮭魚再沾麵糊漿

· 將鮭魚成粗條約一公分厚調味後先沾上麵粉

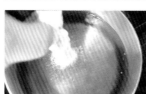

· 將沾裹均勻麵糊漿的鮭魚放入約160度C的油鍋裡油炸至金黃色

· 炸好的鮭魚可以先廚房紙巾擦拭多餘的油脂後再放入盤裡並附上塔塔醬

POINT

(1)鮭魚須切成條狀

(2)塔塔醬須注意濃稠度

(3)可用些許油炸義大利香芹作為點綴

英式米布丁附香草醬

Rice pudding English style with vanilla sauce

食譜配方

米布丁A
白米 60公克
牛奶 300毫升
水 60毫升
奶油 15公克
砂糖 45公克
香草精 少許
檸檬汁 約半顆量
檸檬皮切絲 少許

香草醬B
雞蛋 1顆
牛奶 130毫升
砂糖 30公克
香草精 少許

做法

· 將上述所有食材放入小湯鍋中並以小火慢慢的煮到些許濃稠時間約為 10~15 分鐘

· 分別加入半顆的檸檬汁及少許的檸檬皮切絲

· 加入一顆雞蛋並且快速的攪拌均勻

· 將攪拌完成的米布丁倒入方型模裡定型

· 以隔水加熱的方式使用烤箱烤約 25 分鐘,烤箱溫度設定為 160 度 C

· 烘烤完的米布丁需趁熱立即放入冰箱中冷卻,如此可以讓米布丁因受冷周圍可快速的收縮,待會就好脫模

· 將上述所有食材依配方中的比例全部放入打蛋盆裡,底下並以煮沸的熱水採隔水加熱的方式持續的攪拌打均勻時間約為 3~5 分鐘

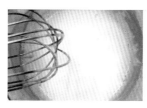

· 待香草醬打發到有點濃稠時就離火並以保鮮膜封起來放進冰箱中直到冷卻就可以使用了

POINT
(1)米飯須熟透
(2)每盤至少須有二片
(3)注意香草醬的濃稠度

西班牙恩利蛋
Spanish Omelette

食譜配方

奶油 40公克   塩 少許

洋蔥丁 50公克   白胡椒粉 少許

蕃茄丁 70公克   義大利香芹碎 少許

馬鈴薯丁片 80公克

火腿片丁 50公克

黑橄欖片 6顆

雞蛋 6顆

做法

· 將上述切丁的食材先以奶油炒香後再加入打散的蛋液並且快速的在鍋裡攪拌成一圓型片狀

· 成品可以蛋捲上再撒上些許的義大利香芹

· 將整個鍋子含蛋捲一起放入上火明烤箱裡烤到熟後就可以取出了

POINT

(1)成品的蛋汁須熟透

(2)蔬菜須有炒過且熟透

(3)蔬菜須注意刀工

奶油玉米濃湯

CREAM OF CORN SOUP

食譜配方

主食材A
玉米醬 180公克
鮮奶油 120毫升
奶油 25公克
雞高湯 500毫升
月桂葉 1~2葉
塩 少許
白胡椒粉 少許
義大利香芹碎 少許

稠化劑B
橄欖油 20毫升
高筋麵粉 20公克

做法

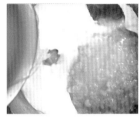

· 將主食材A的全部食材放入鍋裡以小火慢慢的加熱後並調味

· 待主食材的全部材料煮沸後再倒入調配好的稠化劑同時攪拌均勻並調整其濃稠度與試味道

· 將稠化劑的部份依配方比例混合

· 製作好的奶油玉米濃湯盛入湯盤裡後可於上頭再點綴些許的義大利香芹碎即可

POINT
(1)成品須注意濃稠度
(2)成品調味須適中
(3)成品可使用些許的鮮奶油做為點綴

培根、萵苣、番茄三明治

Bacon, letttuce and tomato sandwich

食譜配方

吐司烤上色 2片

沙拉醬 少許

美生菜 二葉

培根 4片

蕃茄切片 4片

做法

· 培根先以平底鍋煎到脆，也可以使用烤箱或是上火明烤箱只要注意一下溫度的控制即可

· 將一片白吐司先放上一片美生菜依順序再放上培根、蕃茄、再重覆一次美生菜、培根、蕃茄後再蓋上另一片白吐司

· 食材的前置準備包含有吐司烤到上色後抹上沙拉醬、蕃茄切成薄片約 4 片、培根烤到脆後再從中間對半切、美生菜挑約二大葉泡冰水約 10 分鐘後取出並濾乾水份

· 將堆疊好的三明治先修去四個邊後再斜角的對切成二個三角形

· 成品切口應保持完整且內餡不可掉落

POINT

(1)切割方式沒有限制　　(3)培根須有烤過

(2)吐司須有烤過　　　　(4)切口須整齊

義式海鮮飯
Seafood risotto

食譜配方

橄欖油 少許
洋蔥碎 1/4顆
蒜頭碎 3顆量
蝦子去殼 3隻
干貝 2顆
淡菜去殼 3隻
刻花花枝 3朵

白葡萄酒 少許
米洗淨 180公克
魚高湯 400公克
塩 少許
白胡椒粉 少許
起士粉 30公克

做法

· 將上述所有海鮮食材先以洋蔥及蒜頭碎炒香後加入白葡萄酒去除海鮮的腥味後取出

· 將煮好的白米再放入剛剛炒香的海鮮同時再加入起士粉拌勻即可

· 同一個鍋子不用洗再加入洗淨的白米稍微拌炒一下後再加入魚高湯拌炒下並調味後蓋上錫箔紙再放入烤箱裡烤到米熟化，烤箱溫度設定在160度C，時間大約為15~20分鐘

· 成品需注意不可出油，出餐前先用錫箔紙蓋好避免米粒過乾

POINT

(1)海鮮須煮熟

(2)調味須加入義大利起士粉

(3)米粒的口感可呈現八分熟

早餐煎餅
PANCAKE

食譜配方

低筋麵粉 160公克

雞蛋 1顆

糖 40公克

泡打粉 10公克

奶油 30公克

牛奶 150公克

塩 少許

做法

· 將配方中的所有食材全部混合均勻，注意粉類食材均需事先過篩

· 煎板調控在微溫的狀態後以湯匙舀起後放入煎板或鍋子內加熱並煎到上色後再翻面

· 將混合好的麵糊以保鮮膜封起來後放在冷箱裡冷藏約 20 公鐘後取出即可使用

· 成品再附上一盅蜂蜜

POINT

(1)每盤的份量須有二片以上

(2)成品須附上奶油及楓糖漿，不可以淋上成品

(3)成品每片大小約為0.5公分厚

海鮮沙拉附油醋汁

Seafood salad with vinaigrette

西餐

丙級
檢定書

食譜配方

煮海鮮A
洋蔥 1/4顆
西芹 半支
胡蘿蔔 20公克
蒜苗 10公克
水 500毫升
百里香葉 少許
月桂葉 1~2葉
塩 少許

煮海鮮B
鮭魚 30公克
花枝 80公克
淡菜 6顆
草蝦 6 隻

生菜絲及檸檬片
美生菜 100公克
檸檬片 2片

油醋汁
洋蔥碎 2小匙
蒜頭碎 2小匙
九層塔絲 約3~4葉
白酒醋 2大匙
橄欖油 2大匙

做法

· 將煮海鮮 A 的部份先行煮出蔬菜的味道

· 將美生菜切成細絲後泡入冰水裡約 5 到 8 分鐘後取出並濾乾水份備用

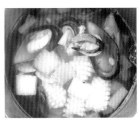

· 加入煮海鮮 B 的部份並以小火慢慢的煮,不可以大火以免造成海鮮煮的過熟影響口感

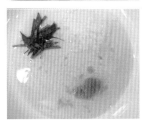

· 油醋汁裡的食材依配方全部混合均勻即可

· 成品可以先將處理好的美生菜絲先行鋪於盤底後再將海鮮放置上同時再點綴些許的九層塔絲另附上一片檸檬角及調製好的油醋汁即可

POINT

(1)成品須附上檸檬角

(2)油醋調味須適中

(3)生菜須冰脆

法式焗洋蔥湯

French onion soup augratin

食譜配方

主食材

奶油 少許

洋蔥切順紋絲
1顆約400~500g公克

調味料

塩 少許

白胡椒粉 少許

月桂葉 1~2葉

雞骨高湯 700毫升

起士麵包

法國麵包
切約0.5公分厚薄片 二片

起士絲或葛利亞乳酪片
少許

做法

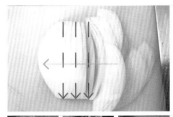

· 將洋蔥切對半後再取另一半將洋蔥順紋切（如圖橘色線的部份），不可逆紋切（如圖藍色線）

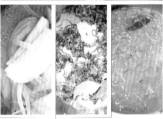

· 取一湯鍋先放入奶油加熱後再放入切好的洋蔥絲並以小火慢慢的炒到上色

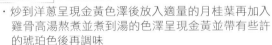

· 炒到洋蔥呈現金黃色澤後放入適量的月桂葉再加入雞骨高湯熬煮並煮到湯的色澤呈現金黃並帶有些許的琥珀色後再調味

· 煮到像呈現金黃並帶有些許的琥珀色 / 時間大約為半小時，並調整湯的濃稠度後保溫

· 將法國麵包切成約0.5公分厚後的薄片備用

· 將切好的法國麵包於上頭均勻的鋪上起士並放入烤箱或是以上火明烤箱烤到上色

· 烤好的起士麵包應該呈現金黃色澤且不可過焦

· 先將煮好並保溫的洋蔥湯盛入碗裡後再放上一片烤好的起士麵包即可

POINT

(1)洋蔥絲須注意刀工且須炒到呈金黃色澤

(2)成品須注意濃稠度且須有一片法國麵包與起士焗烤的動作

羅宋炒牛肉附菠菜麵疙瘩

Sauteed beef stroganoff with spinach spaetzle

食譜配方

菠菜麵疙瘩A
菠菜葉 60公克
水 少許
高筋麵粉 120公克
牛奶 80毫升
塩 少許
白胡椒粉 少許

羅宋炒牛肉B
奶油 少許
洋蔥絲 50公克
紅蔥頭片 2顆
酸黃瓜絲 30公克
蘑菇片 3朵
牛肉條 300公克
紅葡萄酒 1小匙
麵粉 20公克

牛骨肉汁 200毫升
塩 少許
白胡椒粉 少許
酸奶油 1茶匙

做法

· 將配方中的菠菜葉先煮熟後放入冰水中冰鎮再放入果汁機裡打均後再加入所有食材並混合均勻

· 將混合後的麵疙瘩以小刀刮入煮沸的熱水中並煮到熟後撈起

· 成品需濾乾水份並放涼

· 取一炒鍋先放入奶油並炒香已放涼的麵疙瘩後取出放入盤裡

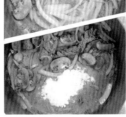

· 同一個鍋子不用洗再加入些許的奶油先炒香洋蔥絲及紅蔥頭片後再加入蘑菇片、牛肉條及酸黃瓜續炒到熟後加入約一小匙的紅葡萄酒

· 待食材炒香後先加入少許的麵粉再加入雞牛骨高湯煮到醬汁帶有些許的濃稠即可

· 成品可於其上再放入一茶匙的酸奶油

POINT
(1)成品須有酸奶油做點綴
(2)菠菜麵疙瘩須有加入荳蔻粉拌炒且顏色須呈現翠綠色
(3)牛肉刀工須切片

筆記

學科試題

14000 西餐烹調 丙級 工作項目 02：食物的性質及選購

1.(3) 動物性鮮奶油 (Cream) 係由下列何物製成？①牛脂肪②牛肥肉③牛乳④牛瘦肉。

2.(3) 魚子醬 (Caviar) 是由下列何種魚類的卵製成？①皇帝魚 (Sole) ②鱒魚 (Trout) ③鱘魚 (Sturgeon) ④鮪魚 (Tuna)。

3.(2) 肉品處理室應保持在何種攝氏溫度？① 11～14 度② 15～18 度③ 19～22 度④ 23～26 度。

4.(4) 下列何種食物之纖維較多？①雞肉②鱸魚③櫻桃④西洋芹。

5.(2) 下列何項調味料是西餐烹調極少使用的？①精鹽②味精③胡椒粉④砂糖。

6.(1) 下列何者屬於黃桔色蔬菜？①胡蘿蔔②紅甜菜 (Beet Root) ③洋芋④高麗菜。

7.(3) 下列那一項不是蛋在西餐烹調時的用途？①澄清劑②凝固劑③潤滑劑④乳化劑。

8.(2) 除了矯臭、賦香、著色等作用外，香辛料還有下列那一種作用？①焦化作用②辣味作用③醣化作用④軟化作用。

9.(2) 香辛料的保存方法除了應避免光線、濕氣及高溫外，還應避免？①震動②空氣接觸③搖晃④噪音。

10.(3) 下列何物是西餐烹調所用醃浸液 (Marinade) 的材料之一？①米酒②米酒頭③葡萄酒④紹興酒。

11.(3) 當西餐食譜只提到要調味 (Seasoning)，而沒說明何種調味料時指的是什麼？①鹽和味精②糖和醋③鹽和胡椒④糖和鹽。

12.(2) 西餐烹調的基本調味料是指何物？①醬油和味精②鹽和胡椒③糖和醋④糖和鹽。

13.(1) 西餐烹調所使用的胡椒有四種顏色，除了黑、白、綠色外還有那一色？①紅②藍③黃④褐。

14.(1) 下列何種蔬菜，其可食用部位主要為莖部？①青蒜 (Leek) ②玉米 (Sweet Corn) ③朝鮮薊 (Artichoke) ④萵苣 (Lettuce)。

15.(3) 蘆筍可食部分主要是何部位？①根部②葉部③芽部④花部。

16.(4) 奶油 (Butter) 中含量僅次於油脂的成分為何？①蛋白質②乳醣③無機鹽④水分。

17.(3) 奶油 (Butter) 中乳脂肪 (Milkfat) 含量大約多少？① 100%② 90%③ 80%④ 70%。

18.(2) 奶油 (Butter) 在鍋中溶解成液體狀的溫度約是攝氏幾度？① 26 度 ~29 度② 32 度 ~35 度③ 45 度 ~48 度④ 55 度 ~58 度。

19.(4) 奶油 (Butter) 的冒煙點 (Smoke Point) 溫度約是攝氏幾度？① 97 度② 107 度③ 117 度④ 127 度。

20.(1) 含鹽奶油 (Salted Butter) 中鹽份含量約多少？① 2.5%② 3.5%③ 4.5%④ 5.5%。

21.(2) 選購香辛料時應如何判斷其品質？①價格最高者品質最佳②有標示且信用良好的品牌較佳③多年保存者香味沈重④透明容器受光度夠者較佳。

22.(4) 選購香辛料時應如何判斷其品質？①價格高者品質佳②透明容器受光度較夠③多年保存者香味沈重④用深色容器包裝者較佳。

23.(2) 鯷魚 (Anchovy) 是屬於何類？①淡水魚類②海水魚類③兩棲類④甲殼類。

24.(1) 下列何者為淡水魚？①虹鱒 (Rainbow Trout)②鱈魚 (Rock Cod)③板魚 (Lemon Sole)④鯡魚 (Herring)。

25.(2) 玉蜀黍 (Maize) 屬於下列何類食物？①蔬菜類②五穀類③水果類④豆莢類。

26.(3) 香辛料中番紅花 (Saffron) 的主要功能是：①矯臭作用②酸味作用③著色及賦香作用④辣味作用。

27.(1) 香辛料中葛縷子籽 (Caraway Seed) 的主要功能是：①矯臭及賦香作用②酸味作用③著色作用④辣味作用。

28.(2) 香辛料中鼠尾草 (Sage) 的主要功能是下列何者？①酸味作用②矯臭及賦香作用③著色作用④辣味作用。

29.(2) 紅龍蝦 (Lobster) 和紫斑龍蝦 (Crawfish) 最大的不同特徵在於何

處？①觸鬚②鉗爪③尾巴④腳部。

30.(4) 乳酪 (Cheese) 通常是由何種乳汁加工製作？①牛乳②羊乳③牛羊乳混合④牛乳、羊乳或牛羊乳混合均可。

31.(3) 鮭魚 (Salmon) 通常長至幾年時會游向大海？①六個月左右②一年左右③二年左右④三年左右。

32.(2) 鮭魚 (Salmon) 通常長至幾年時肉質最鮮美？①二年②三年③四年④五年。

33.(4) 下列何者不是食品 "真空包裝" 的目的？①抑制微生物生長②防止脂肪氧化③防止色素氧化④防止食物變形。

34.(2) 冷凍食品能有很長的保存期限，是因為低溫冷凍有何作用？①殺死食物中所有微生物②抑制微生物生長③完全抑制食物酵素作用④使食物不會發生化學變化。

35.(3) 醃黃瓜 (Pickle) 因製作時加入何種物質才有良好的保存性？①防腐劑②香料③鹽④色素。

36.(4) 德國酸菜 (Sauerkraut) 是利用何種加工原理製作的？①冷藏②乾燥③殺菌④發酵。

37.(2) 香辛料 (Spices) 多經何種加工方法處理？①冷凍②乾燥③發酵④殺菌。

38.(1) 醃漬蔬菜的風味多因何種微生物的生長造成的？①乳酸菌②酵母菌③硝化菌④丙酸菌。

39.(3) 西餐烹調材料之小鹹魚 (Anchovy) 是以何種魚類加工製成？①鮪魚②鯡魚③鯷魚④丁香魚。

40.(4) 下列何者稱為冷凍食品？①將新鮮的食物放在冰箱中冷凍②將新鮮食物處理後急速冷凍於攝氏零下40度③將新鮮的食物煮熟後冷凍起來④將新鮮食物處理後急速冷凍於攝氏零下 18 度。

41.(1) 市售的酸酪乳 (Yoghurt) 的製造是藉何種乳品發酵凝結而成？①牛乳②羊乳③牛羊混合乳④駱駝乳。

42.(3) 下列何者是牛乳酸敗的主要原因？①氧化分解②濕度影響③酵素作用④通風效果。

43.(2) 培根 (Bacon) 是以何種方法製造的？①加熱法②鹽漬法③糖漬法④脫水法。

44.(1) 下列何種食用色素是我國禁止使用的？①紅色二號②紅色六號③黃色四號④黃色五號。

45.(3) 下列何種食品添加物常用於香腸、熱狗的製作？①硼砂②紅色二號③亞硝酸鹽④亞硫酸鹽。

46.(2) 依食品衛生法規，醃漬肉品時每公斤肉可添加多少以下的硝？① 0.05 公克② 0.07 公克③ 0.09 公克④ 0.11 公克。

47.(3) 依食品衛生法規，食用人工色素有那幾種顏色？①黃橙綠藍②紅橙黃綠③紅黃綠藍④紅橙黃藍。

48.(1) 依食品衛生法規，紅色食用色素有那幾號類？①6、7、40號②6、7、8 號③ 8、10、40 號④ 6、10、14 號。

49.(2) 依食品衛生法規，黃色食用色素有那幾號類？① 3、4 號② 4、5 號③ 5、6 號④ 6、7 號。

50.(2) 依食品衛生法規，綠色食用色素為幾號？①2 號②3 號③4 號④5 號。

51.(1) 依食品衛生法規，藍色食用色素有那幾號類？① 1、2 號② 2、3 號③ 3、4 號④ 4、5 號。

52.(4) 下列何種現象極易發生在含多量碳水化合物之食品？①腐敗②氧化③變酸④發霉。

53.(3) 下列何種現象極易發生在含多量蛋白質之食品？①變酸②氧化③腐敗④發霉。

54.(2) 下列食品何者容易發霉？①沙拉油②麵包③豬肉④海鮮。

55.(3) 食品包裝的英文標示 "Recipe" 是指①內容物成分②內容物重量③成分及烹調方法④包裝的方法。

56.(1) 食品包裝的英文標示 "Directions" 是指①食品材料的使用方法②菜餚的調味方法③成分的分析方法④主廚的指示方法。

57.(2) 食品包裝的英文標示 "Natural Ingredients" 是指①人造的食品材料成分②天然的食品材料成分③混合的食品材料成分④特殊的食品

材料成分。

58.(4) 食品包裝上的英文標示 "Artificial Flavor" 是指①天然的味道②特殊的味道③專供減肥的味道④加工製造的味道。

59.(1) 食品包裝的英文標示 "Servings" 是指①供應菜餚的人份②價差的定量③烹調的方法④供應的方式。

60.(2) 在北半球蘆筍 (Asparagus) 的最佳產期是何時？① 1 － 3 月② 4 － 6 月③ 7 － 9 月④ 10 － 12 月。

61.(3) 就奶粉與鮮奶的比較，下列何者是奶粉的優點？①口感好②風味佳③容易保存④適合調理。

62.(4) 沙朗牛排 (Sirloin Steak) 是牛體的那一部位？①前腿部②腹部③後腿部④背肌部。

63.(2) 洋芋是下列何物的俗稱？①蕃薯②馬鈴薯③馬蹄薯④涼薯。

64.(4) 下列何者為果菜類？①莧菜②芋類③草菇④茄子。

65.(1)(本題刪題) 下列何者不是根菜類？①薑②甘藷③胡蘿蔔④馬鈴薯。

66.(3) 下列何者不是葉菜類？①萵苣②菠菜③花菜④高麗菜。

67.(3) 下列何種油脂適用於油炸食物？①沙拉油②花生油③酥油 (Shortening)④油炸油 (fry oil)。

68.(4) 下列有關油炸食物的敘述何者正確？①將油熱到發煙，再放入食物②炸海鮮應以中溫油炸（攝氏 170 ～ 180 度）③一次放入大批食物炸，較省時又省油④油顏色變深、起泡沫，表示品質劣化。

69.(3) 粉 (Breaded) 炸食物的裹衣通常有幾層處理？①一層②二層③三層④四層。

70.(1) 下列有關粉 (Breaded) 炸食物的裹衣程序何者正確？①麵粉→蛋液→酥炸屑②麵漿→蛋液→酥炸屑③蛋液→麵粉→酥炸屑④蛋液→麵漿→酥炸屑。

71.(2) 下列有關油炸食物的敘述何者正確？①食物黏在一起或黏鍋乃因油溫太高②炸出的食物不夠脆乃因油溫不夠高③炸出的食物顏色太深乃因油溫不夠高④成品吸了太多油乃因油溫太高。

72.(3) 法蘭克福香腸(Frankfurter)的主食材為何？①牛肉②豬肉③牛、豬肉④犢牛肉。

73.(4) 培根片(Sliced bacon)是取自何部位豬肉製成的？①後腿部②前腿部③腰肉部④腹肉部。

74.(2) 貝爾尼司醬(Bearnaise sauce)應如何處理以防變質？①適溫冷藏②儘速食用完畢③加熱煮開④急速冷凍。

75.(4) 食用高級精鹽中通常加有下列何種物質？①鉀②硫③胡椒④碘。

76.(3) 食用高級精鹽中加碘的作用為何？①增加價值感②提升風味③強化營養④避免潮濕。

77.(2) 風味精鹽中加芹菜味的主要作用為何？①增加價值感②提升風味③保持營養④避免潮濕。

78.(2) 西餐烹調使用的醋大多由下列何者發酵製造的？①米②水果③花草④玉米。

79.(4) 西餐食用醋的酸度應在多少百分比以上？①0.5%② 1.5%③2.5%④ 3.5%。

80.(3) 下列何種香料在西餐烹調中使用量最大？①丁香②薄荷葉③胡椒④月桂葉。

81.(1) 火腿製造過程中加糖是何作用？①增加風味②保持肉色③增加營養④改善外觀。

82.(4) 火腿製造過程中加鹽除了抑制細菌生長外還有何作用？①沖淡甜味②保持肉色③提升水量④增加風味。

83.(1) 火腿製造過程中加入磷酸鹽(Phosphate)是何作用？①保持濕潤有彈性②保持肉色③提升甜味④增加風味。

84.(3) 下列何者是法國諾曼地最著名的水果？①黃杏②鴨梨③蘋果④水蜜桃。

85.(4) 食品包裝標示的 "Ingredients" 是何意？①烹調方法②食品風味③服務方法④食品成分。

86.(3) 食品包裝標示的 "Cooking method" 是何意？①服務方法②食品風味③烹調方法④食品成分。

87.(2) 根據美國農業部（USDA）肉類及肉製品品質分類等級的規定，下列何者為最高級？①U.S. Choice ②U.S. Prime ③U.S. Good ④U.S. Standard。

88.(1) 有關沙朗牛排 (Sirloin Beef)，下列何者敘述錯誤①肉質最嫩的牛排②切割自牛背部腰肉 (loin) 以下，臀肉 (rump) 以上③適合燒烤④肉質內有筋膜口感具嚼勁。

89.(3) 烹調傳統義大利名菜歐索布可(Osso Buco)取材自那一品種食材部位？①橫切豬的帶骨脛腿肉 (knuckle of Pork)②橫切羊的帶骨脛腿肉 (knuckle of Mutton) ③橫切小牛的帶骨脛腿肉 (knuckle of veal) ④橫切牛的帶骨脛腿肉 (knuckle of Beef)。

90.(4) 義大利香腸 (salami) 是以下列何種方式製成？①水煮②醃製③溼醃④風乾、煙燻或併用兩種。

91.(1) 下列蔬菜及其種類之配對何項不正確？①根菜類－松露②葉菜類－蘿蔓生菜③芽菜類－苜蓿芽④花菜類－朝鮮薊。

92.(3) 下列香料的敘述中，何者正確？①「因陳高」稱「比薩香料」②「番紅花」是西點最常用的香料之一③「鬱金香粉」是「咖哩粉」的主要原料之一④在製作「德國酸菜」會使用「肉桂粉」來矯臭及賦香。

93.(3) 有關下列敘述何者錯誤？①洋蔥為調味蔬菜 (mire prox) 的一種②洋蔥適合做為沙拉食材③洋蔥屬於根菜類④蒜苗屬於鱗莖菜類。

94.(1) 凱撒沙拉 (Caesar salad) 是西餐中一道經典菜餚，其主要的材料內容組合為①蘿美生菜 (romaine)、鯷魚 (anchovy)、帕瑪森乳酪 (parmesan cheese)②美生菜 (lettuce)、雞肉片 (chicken)、巧達乳酪 (cheddar cheese) ③紅葉生菜 (red leaf)、蘋果 (apple)、檸檬汁 (lemon juice) ④美生菜 (lettuce)、鮪魚 (tuna)、橄欖 (olive)、油醋汁 (vinegar oil)。

95.(2) 西班牙飯（Paella）呈現出金黃色澤，是因為烹調時加入下列那一種香料？①迷迭香 (Rosemary) ②番紅花 (Saffron) ③肉桂 (Cinnamon) ④丁香 (Clove)。

96.(2) 傳統真正帕馬森乾酪 (Parmesan cheese) 應該是①罐裝粉狀②製作

一公斤 Parmesan cheese 需 16 公升牛奶③一種藍黴起司④一種白黴起司。

97.(2) 傳統巴薩米黑醋 (balsamic) 下列敘述何者錯誤？①來自煮好的葡萄汁②初放在橡木桶發酵③經過 2 年熟成每年換桶④用於提味。

98.(3) 法式純第戎芥末醬 (Dijon Mustard) 是由下列何種原料製造？①薑黃根粉②葛縷子③芥末籽④葡萄籽。

99.(3) 蛋黃醬是利用蛋黃和油的何種特性？①黏著性②稠化性③乳化性④凝固性。

100.(1) 美國農業部 (USDA) 規定，美國 A 級牛肉應是幾個月齡被屠宰？① 9 至 30 個月② 31 至 42 個月③ 45 至 73 個月④ 72 至 96 個月。

101.(1)(本題刪題) 紐約客牛排指那一部位牛肉？①後腰脊肉 (Sirloin)②前腰脊肉 (strip loin)③菲力 (tenderloin)④去骨含肉眼肋脊肉 (Ribeye)。

102.(4) 肋眼牛排指那一部位牛肉？①後腿肉 (rump)②前腰脊肉 (strip loin)③菲力 (tenderloin)④去骨含肉眼肋脊肉 (Ribeye)。

103.(1) 下列那一種香料味道辛香，俗稱為披薩香料？① Oregano ② Tarragon ③ Rosemary ④ Marjoram。

104.(3) 調味蔬菜 (Mirepoix) 最主要的三種成分為：甲：洋蔥、乙：蕃茄、丙：西洋芹、丁：胡蘿蔔①甲乙丙②乙丙丁③甲丙丁④甲乙丁。

105.(1) 下列乳酪 (Cheese) 中，何者實地堅硬且可被磨成粉末使用？①巴美乳酪 (Parmesan)②摩扎瑞拉乳酪 (Mozzarella)③馬司卡邦乳酪 (Mascarpone)④卡門貝爾乳酪 (Camembert)。

106.(2) 在西班牙海鮮飯 (Paella) 中，加入香辛料番紅花 (Saffron) 的主要作用為何？①矯臭②著色③辣味④甜味。

107.(3) 辛香料或香草可浸泡在油或醋中，其主要功效是①保色②保鮮③萃取香味④美觀。

108.(4) 烹調中加入酒去萃取 (deglaze) 食物味道，是利用下列那一項功能？①提高沸點②促使食物發酵③引發乳化作用④風味食物易溶於酒精。

109.(1) 將不飽和脂肪酸以化學處理，在雙鍵處加入氫，結構中的雙鍵減少，進而轉成飽和度高的固態脂肪稱作①氫化②冬化③水解④氧化 作用。

110.(2) 大豆所提煉的沙拉油是一種經過①氫化②冬化③水解④氧化 烹調用油。

111.(4) 花青素在酸性的環境中呈①紫紅色②藍色③綠色④紅色。

112.(1) 商業性的油炸油是一種部分氫化的烹調用油較穩定，生產過程會增加①反式脂肪酸②不飽合脂肪酸③甘油④膽固醇。

14000 西餐烹調 丙級 工作項目 03：食物貯存

1.(1) 攝氏零下 18 度換算為華氏幾度？① 0 度② 5 度③ 10 度④ 15 度。

2.(3) 華氏零度換算為攝氏幾度？① 0 度②零下 9 度③零下 18 度④零下 27 度。

3.(3) 攝氏零度換算為華氏幾度？① 12 度② 22 度③ 32 度④ 42 度。

4.(4) 維持冷凍食品之品質，其貯藏溫度應控制在攝氏幾度？①零下 15 度②零下 16 度③零下 17 度④零下 18 度。

5.(2) 下列何者不是一般冷凍食品的優點？①清潔衛生②可保食品原有風味③減少廚房廢棄物④可免前處理。

6.(1) 下列何者是一般冷凍食品的正確解凍方法？①低溫解凍②加水蒸煮解凍③流水解凍④室溫解凍。

7.(1) 鮮乳保存在攝氏幾度時其品質狀況最好？① 0 － 5 度② 6 － 7 度③ 8 － 9 度④ 10 － 11 度。

8.(2) 通常下列何處是冷藏庫的高溫區？①最內側②近門處③中心處④牆角處。

9.(3) 維護與清潔廚房冷凍庫的工作是誰的責任？①食品供應商②老板③廚師④採購員。

10.(4) 誰應瞭解並做好維護與清潔廚房冷凍庫的工作？①食品供應商②老板③採購員④廚師。

11.(3) 維護與清潔廚房的工作是誰的責任？①廠商②老板③廚師④採購員。

12.(2) 誰應瞭解並做好維護與清潔廚房的工作？①食品供應商②廚師③採購員④老板。

13.(1) 下列何者不是新鮮食品的保存方法？①加防腐劑②冷凍③冷藏④塑膠袋包裝。

14.(1) 下列那種食品在室溫中可貯存達一星期？①果醬②土司麵包③萵苣④青花菜。

15.(2) 麵包製成後需要如何處理才宜冷凍保存？①趁熱冷凍②冷卻後冷凍③微溫冷凍④趁熱急速冷凍。

16.(3) 何者為貯存麵包的最佳溫度？①室溫②冷藏③冷凍④高溫。

17.(4) 下列何種食物不適合冷凍貯存？①莓果類 (Berries)②青豆仁③冰淇淋④萵苣。

18.(4) 一般細菌須在攝氏幾度以上生長才會受到抑制？① 35 度② 45 度③ 55 度④ 60 度。

19.(3) 馬鈴薯保存在攝氏幾度最適宜？① 1 － 5 度② 6 － 10 度③ 11 － 15 度④ 16 － 20 度。

20.(1) 冷凍食品從製造到販賣的過程中應維持攝氏零下幾度為宜？① 18 度② 17 度③ 16 度④ 15 度。

21.(3) 香蕉保存的溫度以攝氏幾度為宜？① 0 － 5 度② 6 － 10 度③ 13 － 15 度④ 20 － 24 度。

22.(1) 下列何種食品冷藏在攝氏 4 度可保持新鮮度達三週？①甜菜 (Beet)②黃瓜③洋菇④香蕉。

23.(2) 冷藏庫中貯存物間應保持多少距離冷氣較易流通？① 5 公分② 10 公分③ 15 公分④ 20 公分。

24.(3) 下列何者為熱帶水果？①蘋果②水蜜桃③鳳梨④草莓。

25.(3) 冷凍庫的相對濕度 (RH%) 介於何者間最為適當？① 55 ～ 65 ② 65

～ 75 ③ 75 ～ 85 ④ 85 ～ 95。

26.(1) 下列何者為庫房之出貨原則？①先進先出②後進先出③平均混合方式④隨機方式。

27.(1) 蘋果應貯存於下列何種攝氏溫度？① 7 度以下② 8 － 10 度③ 11 － 13 度④ 14 度以上。

28.(1) 冷凍庫的相對濕度 (RH%) 若不足時，則冷凍食品表面容易產生何種情況造成品質不良？①乾燥②潮濕③腐爛④碎化。

29.(4) 食品保存原則以下列何者最重要？①方便②營養③經濟④衛生。

30.(4) 酸奶油 (Sour Cream) 在冷藏庫的保存期限約多久？① 1 週② 2 週③ 3 週④ 4 週。

31.(3) 下列攝氏溫度何者最適宜長期儲存葡萄酒 (Wine)？① 1-5 度② 5-10 度③ 10-15 度④ 15-20 度。

32.(2) 生鮮魚類未能一次處理完畢時，應以冰塊覆蓋其上並儲存於何處較宜？①冷凍庫②冷藏庫③烹調室④保麗龍盒。

33.(4) 熟食之熱藏溫度依衛生法規應設定在攝氏多少度以上？① 35 度② 45 度③ 55 度④ 60 度。

34.(2) 冷藏儲存食物量應佔其容積多少百分比以下？① 40%② 60%③ 80%④ 100%。

35.(4) 下列何種食物不可用室溫貯存法？①奶粉②白糖③香料④鮮奶油 (Fresh cream)。

36.(1) 包心萵苣 (iceberg) 應保存在攝氏多少度間？① 3-5 ② 8-10 ③ 13-15 ④ 18-20 度。

37.(2) 能將食物之酸度提高而使細菌無法生存的是下列何種方法？①水漬法②醋漬法③鹽漬法④脫水法。

38.(3) 有關寒帶生鮮蔬果儲存的方法，下列何者是錯誤的？①無低溫障害之水果應儲存在冷藏庫②水果儲存前不應水洗③水果去皮可耐儲存④蔬菜和水果的儲存方法都一樣。

39.(4) 採購之魚類在冷藏儲存前應作何處理？①不須處理直接冷藏②外表洗淨後即冷藏③除去鱗片洗淨後再冷藏④除去鱗片、魚腮及內臟等洗淨後再冷藏。

40.(4) 有關乳品儲存，下列何者是錯誤的？①鮮乳應儲存在攝氏 0~5 度
間②乳酪 (Cheese) 要緊密包裝③鮮奶開封後保存期限縮短④奶粉
在室溫下可保存 5 年。

41.(4) 下列何種食物在攝氏 4 度可保持 2 星期？①魚肉②禽肉③菠菜④
西洋芹菜。

42.(3) 有關食品的冷凍儲存，下列何者是錯誤的？①保存期限視食物種
類而異②烹煮過的食物冷凍儲存保存期限較長③儲存溫度上下波
動並不會影響品質④食品適用與否不能單以包裝上標示的保存期
限為準。

43.(2) 下列何種原料在室溫中可儲放最久？①麵粉②吉力丁 (Gelatin) ③
麵包粉④全麥麵粉。

44.(4) 驗收食物(品)時最需注意的是下列何者？①物美價廉②送貨時間
③是否合季節④品質與數量。

45.(2) 卡達乳酪 (Cottage cheese) 應放在攝氏幾度保存？① -5 至 -2 ② 1-
5 ③ 7-10 ④ 12-15 度。

46.(3) 愛摩塔乳酪 (Emmental cheese) 應放在攝氏幾度的庫房保存？① -5
至 -1 ② 0-4 ③ 5-10 ④ 11-15 度。

47.(4) 乳酪 (Cheese) 應放在多少相對濕度 (RH%) 的庫房保存？① 20-
30 ② 40-50 ③ 60-70 ④ 80-90。

48.(1) 下列何者水果熟成應單獨貯存而不應與其他水果共同貯存？①蘋
果②西瓜③柳丁④葡萄。

49.(1) 新鮮雞肉 (Fresh Chicken) 冷藏可保存多少天？① 2 ② 4 ③ 6 ④ 8
天。

50.(1) 乳製品及蛋類的最佳貯存溫度和相對濕度應為① 7~15 ℃，
50~60% ② 3~5 ℃，75~85% ③ -18~-1 ℃，75~85% ④ 7~15 ℃，
85~95%。

51.(4) 乾貨的最佳貯存溫度和相對濕度是① － 18 ℃ 以下，75 ~
85% ② 3~5℃，75~85% ③ 5~9℃，85~95% ④ 10~21℃，50~ 60%。

52.(1) 採購規格表（ purchase specifications ）的內容不包括下列那一項？①營養成分②重量③包裝要求④產品等級。

53.(4) 食材盤點是庫存管理上非常重要的工作，下列何者不是盤點的主要功能？①財務部門記帳的依據②訂貨與採購的依據③存貨差異與產能控制的依據④辦理退貨的依據。

54.(3) 下列有關食品原料運送儲存的敘述，何者錯誤？①冷凍食品送來時，應保持冰凍狀態②選擇蔬菜以莖直、無斷、結實者為佳③真空包裝生熟食食品，儲放於室溫④家禽類應注意新鮮度，存放越久，味道越差。

55.(2) 解僵的牛肉放在 2~4℃ 冷藏數日，酵素自體分解，使肉質變軟，稱為什麼？①乳化作用②熟成作用③均質作用④酸化作用。

56.(4) 新鮮香草儲存方法①泡在冰塊中②放在乳製品冷藏冰箱③放在冷凍冰箱④紙巾包起來放進塑膠袋裡，放在蔬菜保鮮區冷藏冰箱。

57.(1) 香蕉與未熟的綠番茄應在何種溫度下繼續成熟？①室溫② -18℃③ -5℃④冰溫。

58.(1) 新鮮的牛奶的儲存，下列何者錯誤？①新鮮的牛奶應呈酸性反應②買前應識別盒上有無製造日期、有效期間標示③牛奶或奶製品如不冷藏保存，只一天或數小時即會變壞④盛奶器皿應乾淨。

59.(4) 下列關於食物倉儲必備條件的敘述，何者正確？①儲存空間大小與顧客的翻桌率無關②食品應以先進後出為原則③冷風口最冷應盡量堆存其附近④走入式的冰箱應備有自內開啟安全開關。

60.(1) 下列何項規定最易造成餐廳的採購、驗收工作出現弊端？①採購與驗收工作由同一人來執行②訂定食材規格時，會考慮到供應商的供貨能力③招標單上訂定規格，必要時可以附圖片說明④每次交貨時，供應商應列具清單一式多份給驗收單位。

61.(1) 魚肉儲存應①包裹後放在置滿冰塊容器中，放在冷藏庫中儲存②存放在室溫陰涼處③不需去內臟即可儲存④放在冷藏冰箱可超過三天。

62.(3) 有關水產魚蝦類產品，下列何者正確？①活魚活蝦產品運輸應維持低溫無氧狀態②冷凍魚類應凍結成一團③冷凍魚類運輸應維持

-18℃以下④頭和內臟在低溫時 (5℃) 無自腐性。

63.(4) 下列何種蔬菜不應儲存在 10-18℃乾躁陰暗處？①洋芋②葫蘆瓜③洋蔥④美生菜。

64.(3) 奶油發煙點約在① 57-60℃② 77-80℃③ 127-130℃④ 177-180℃。

65.(1) 澄清奶油 (clarified butter) 主要功用在於①增高發煙點②減少膽固醇③減少風味④減少顏色。

66.(4) 活的生蠔，可在濕冷狀態 (5℃) 存活約① 1 個月② 3 週③ 2 週④ 1 週。

67.(3) 冷凍魚類解凍應如何處理？①解凍後未使用完，可再冷凍②應放在室溫解凍③應放在冷藏冰箱解凍④放在烤箱中加熱解凍。

68.(1) 下列食品儲存敘述何者正確？①最下層陳列架應距離地面約 15 公分避免蟲害受潮②食品應越盡量靠近冷藏庫風扇位置較冷③冷藏庫應把握「上生下熟原則」④上架應保持原包裝不可拆箱。

69.(3) 新鮮蔬果儲存應要①不可拆除包裝塑膠袋②減少空間浪費可擠壓疊放③蔬菜以溼布覆蓋避免水分流失④拆封食品應不需再封存進冰箱。

70.(2) 下列何種食物放在冷藏庫比放在室溫效果好？①辣椒②萵苣③洋芋④香蕉。

71.(3) 餐廳儲存各類食物，有其適宜的溫度。下列敘述何者錯誤？①乳類、肉類－攝氏 4 度或以下②新鮮蔬菜－攝氏 15-20 度③海鮮－攝氏零下 10 度或以下④冷凍儲藏－攝氏零下 18-23 度。

72.(4) 下列何種新鮮香草適合放在室溫避免凍傷？①蒔蘿②茵陳高③百里香④羅勒。

14000 西餐烹調 丙級 工作項目 04：食物製備

1.(2) 煎法國吐司 (French toast) 供餐時烹調上應如何處理較好？①先沾蛋液再泡牛奶②先泡牛奶再沾蛋液③先沾麵包粉再泡牛奶蛋混合

液④先泡牛奶蛋混合液後沾麵包粉。

2.(1) 下列何者不是西餐肉品綁緊定型 (Trussing) 的目的？①增進風味②美化外觀③容易切割④易於烹調。

3.(1) 為避免變色而將馬鈴薯置冷水中，應不超過多久才不損其風味？①1小時②2小時③3小時④4小時。

4.(2) 雞肉烹調前要徹底清洗乾淨的主要目的為何？①去除過多的油脂②清除排泄物的污染③為求較佳的味道④較容易烹調。

5.(4) 下列何者不是匈牙利牛肉湯 (Hungerian goulash soup) 的製作材料？①洋蔥②牛肉③馬鈴薯④菠菜。

6.(3) 下列何者是匈牙利牛肉湯 (Hungerian goulash soup) 供餐時可當盤飾的材料？①葡萄酒②脆麵包丁 (Croutons) ③酸奶油 (Sour cream) ④水果球。

7.(2) 要烹調出清澈的雞肉清湯 (Chicken consomme) 應如何製備？①多重過濾②細火慢煮③用熱湯煮④烈火快煮。

8.(3) 下列何種切割方式引起細菌污染的程度最快、最多？①肉塊②肉片③絞肉④肉絲。

9.(3) 下列何處是生剝蛤蜊 (Clam) 最佳的下刀處？①上殼②下殼③圓嘴處④尖嘴處。

10.(3) 烹調羹湯調味，通常在何時段加入鹽最恰當？①前段②中間③後段④隨時。

11.(2) 水波煮 (Poaching) 的烹調溫度約為攝氏幾度①55－65度②70－80度③85－95度④100－110度。

12.(3) 慢煮 (Simmering) 的烹調溫度約為攝氏幾度？①55－65度②70－80度③85－95度④100－110度。

13.(3) 下列何者為佛羅倫斯雞胸附青豆飯 (Chicken breast Florentin style with risi bisi) 菜餚所含的蔬菜？①青花菜 (Broccoli) ②羅蔓菜 (Romaine lettuce) ③菠菜 (Spinach) ④波士頓萵苣 (Boston lettuce)。

14.(4) 下列何者為佛羅倫斯雞胸 (Chicken breast Florentin style) 菜餚的下中上層的組合程序？①雞胸肉、菠菜、乳酪奶油調味醬 (Mornay sauce)並撒上巴美乳酪粉(Parmesan)②乳酪奶油調味醬、菠菜、雞胸肉並撒上巴美乳酪粉③乳酪奶油調味醬、雞胸肉、菠菜並撒上巴美乳酪粉④菠菜、雞胸肉、乳酪奶油調味醬並撒上巴美乳酪粉。

15.(1) 下列何者是香草餡奶油泡芙(Cream puff with vanilla custard filling)之泡芙麵糊的正確製法？①冷麵粉等材料加入煮開的奶油水中攪拌②煮開的奶油水加入冷麵粉等材料中攪拌③冷麵粉等材料加入奶油冷水中攪拌④奶油冷水加入冷麵粉等材料中攪拌。

16.(2) 澄清湯(Consomme)是屬於何種湯類烹調成的？①濃湯(Thick soup)②清湯(Clear soup)③奶油湯(Cream soup)④漿湯(Puree soup)。

17.(2) 奶油青花菜濃湯(Cream of broccoil soup)之青花菜應如何處理濃湯才能呈淡綠色澤？①殺菁後即與湯體共煮②殺菁後留部分與湯體打泥回鍋烹調③不需殺菁直接烹調④不需殺菁留下裝飾用即可。

18.(4) 蒜苗馬鈴薯冷湯(Vichyssoise)應以下列何種容器盛裝？①玻璃杯②湯盤③馬克杯④湯杯。

19.(2) 蛋黃醬(Mayonnaise)乳化狀態最穩定的溫度約攝氏幾度？① 5 － 10 度② 25 － 30 度③ 35 － 40 度④ 40 － 45 度。

20.(3) 乳酪奶油焗鱸魚排附水煮馬鈴薯(Seabass fillet a la mornay with boiled potato)之魚排切出後魚骨應如何處理才正確？①丟垃圾桶以免污染環境②放進冰箱保鮮不使用③煮成高湯備用④煮熟後作盤飾使用。

21.(3) 下列何種魚是凱撒沙拉(Caesar salad)的材料之一？①燻鮭魚②鰈魚③鯷魚④鱒魚。

22.(4) 油醋沙拉醬(Vinaigrette)之主要油脂材料為何？①鮮奶油②奶油③牛油④植物油。

23.(1) 熬煮白高湯(White stock)所用的骨頭材料何者最不適？①牛骨②豬骨③魚骨④雞骨。

24.(3) 下列什麼材料是熬煮褐高湯(Brown stock)之褐色來源？①加醬油②加醬色③烤肉骨與調味用蔬菜④加色素。

25.(3) 褐高湯 (Brown stock) 的褐色是因加熱產生何種變化所致？①凝固作用②膠化作用③焦化作用④蒸氣作用。

26.(3) 麵糊 (Roux) 在烹調上的功效為何？①焦化②軟化③稠化④液化。

27.(2) 下列何者是乳酪奶油焗鱸魚排附水煮馬鈴薯 (Seabass fillet a la mornay with boiled potato) 之魚骨烹煮成高湯後的使用第一步驟？①煮馬鈴薯②煮魚排③煮乳酪奶油調味醬 (Mornay sauce) ④煮蔬菜。

28.(1) 油炸食物時油溫最適合的溫度？① 180 度② 190 度③ 200 度④ 210 度。

29.(1) 烹調奶油濃湯 (Cream soup) 是否須加入鮮奶油 (Cream)？①要加②不可加③視情況④只能加乳酪。

30.(2) 油炸食物要如何才能降低油炸鍋中油脂氧化作用？①多炸高水分食物②多用高溫油炸③多用低溫油炸④多炸高鹽食物。

31.(3) 在何種油溫油炸食物，含油量會比較高？①高溫②中溫③低溫④與溫度無關。

32.(2) 要有色澤金黃，鬆脆好吃的炸薯條 (French fries)，應油炸幾次？① 1 次② 2 次③ 3 次④ 4 次。

33.(3) 下列何者是乳酪奶油焗鱸魚排附水煮馬鈴薯 (Seabass fillet a la mornay with boiled potato) 之魚骨烹煮成高湯後的使用第二步驟？①煮馬鈴薯②煮魚排③煮乳酪奶油調味醬 (Mornay sauce) ④煮蔬菜。

34.(4) 下列何者是煎烤馬鈴薯 (Potato cocotte) 的正確製備法？①先用奶油煎熟再烤②直接煎烤③先用滾水煮熟再煎烤④先用冷水煮開再煎烤。

35.(1) 下列何者是煎烤馬鈴薯 (Potato cocotte) 的正確形狀？①指寬圓柱矩形②指寬橄欖形③指寬正方形④指寬圓柱半月形。

36.(1) 下列何者是煎烤馬鈴薯 (Potato cocotte) 之馬鈴薯的正確烹調法？①煎後加蓋烘烤②煎後不加蓋烘烤③煎後加牛奶加蓋烘烤④煎後加牛奶不加蓋烘烤。

37.(4) 漢堡(Hamburger)原本是那一國的食物？①瑞士②法國③奧國④德國。

38.(3) 漢堡(Hamburger)現今是那一國的速食代表物？①奧國②法國③美國④德國。

39.(2) 下列何者是原汁烤全雞(Roasted chicken au jus)的正確烹調法？①先對切成半後烘烤②整隻烘烤③先切成四大塊後烘烤④先切八塊後烘烤。

40.(2) 巧達湯(Chowder)是起源自那一國的名湯？①奧國②法國③美國④德國。

41.(3) 曼哈頓巧達湯(Manhattan chowder)現今是那一國的名湯？①奧國②法國③美國④德國。

42.(3) 巧達湯(Chowder)原屬那一類湯餚？①牛肉湯②蔬菜湯③海鮮湯④羊肉湯。

43.(3) 下列何者是煎恩利蛋(Omelette)一人份的標準用蛋量？①一個②二個③三個④四個。

44.(4) 羅宋湯(Russian borsch)是那裡的名湯？①呂宋②美國③法國④俄羅斯。

45.(1) 下列何者是美（英）式早餐炒蛋的英文名稱？① Scrambled egg ② Fried egg ③ Boiled egg ④ Poached egg。

46.(1) 下列何者是義大利蔬菜湯(Minestrone)湯體濃稠度的來源？①本身材料②麵粉③麵包粉④蛋黃醬。

47.(3) 下列那種乳酪(Cheese)較常搭配於義大利麵食？①藍紋(Blue)②卡曼堡(Camembert)③巴美森(Parmesan)④哥達(Gouda)。

48.(2) 食用燻鮭(Smoked salmon)時，那一項材料不適合搭配？①洋蔥②蒜頭③檸檬④酸豆(Caper)。

49.(1) "Hors d'Oeuvre"是指餐譜中那一道菜？①開胃前菜②美味羹湯③珍饌主菜④餐後甜點。

50.(2) "Appetizer"是指餐譜中那一道菜？①珍饌主菜②開胃前菜③美味羹湯④餐後甜點。

51.(2) 阿拉伯回教徒的菜單中不宜使用何種食物？①牛肉②豬肉③羊肉④雞肉。

52.(3) 吃素者菜單宜以下列何種食物為主？①魚肉②羊肉③蔬菜④蛋類。

53.(1) 下列何者是炸豬排烹調前拍打的主要作用？①鬆弛肉質②增加重量③易去脂肪④不易塑型。

54.(2) 下列何者是炸豬排烹調前拍打的主要作用？①增加重量②易於入味③易去脂肪④不易塑型。

55.(3) 下列何者是炸豬排烹調前拍打的主要作用？①增加重量②易去脂肪③易於塑型④不易塑型。

56.(2) 馬鈴薯用水煮熟後冷卻的方法有下列那一種？①冷水沖②冷風吹③溫水沖④放冰箱。

57.(4) 下列何者不屬烹調熱源導熱法？①傳導法②對流法③輻射法④感應法。

58.(3) 明火烤爐 (Salamander) 是何種導熱法？①傳導法②對流法③輻射法④感應法。

59.(1) 煎爐 (Griddle) 是何種導熱法？①傳導法②對流法③輻射法④感應法。

60.(2) 迴風烤箱 (Convection oven) 是何種導熱法？①傳導法②對流法③輻射法④感應法。

61.(2) 油炸烹調 (Deep-Frying) 是何種導熱法？①傳導法②對流法③輻射法④感應法。

62.(2) 下列何者是蔬菜片湯 (Paysanne soup) 的蔬菜刀工正確形狀？①長方片形②正方片形③三角片形④梯片形。

63.(4) 下列何者是切割法中最細的刀工？①塊 (Chop) ②丁 (Dice) ③粒 (Brunoise) ④末 (Mince)。

64.(1) 最適宜雞尾酒會 (Cocktail party) 供應之宴會小點其大小規格為何？①可一口食用者②愈大塊愈實際③愈小愈精緻④依食物種類而異。

65.(2) 通常亨利蛋 (Omelette) 需使用幾顆雞蛋？①4②3③2④1顆。

66.(1) 西餐早餐雞蛋的烹調除了有水波蛋、水煮蛋、煎蛋、炒蛋外還有那些？①亨利蛋②蒸蛋③烘蛋④滷蛋。

67.(2) 匈牙利燴牛肉 (Beef goulash) 必須加下列何物？①紅辣椒粉②紅甜椒粉③蕃茄醬④蕃茄汁。

68.(2) 冷凍薯條 (French fries) 應如何烹調？①解凍再炸②直接油炸③先燙再烤④直接烘烤。

69.(3) 西餐的主菜 (Main course) 大多數是指下列何類食物？①澱粉類②蔬菜類③肉品類④水果類。

70.(4) 下列何者不是牛排烹調法之生熟度的用語？① Rare ② Medium ③ Well done ④ Raw。

71.(4) 西式早餐除了單點式 (a la carte) 及歐陸式 (Continental) 外還有下列何者？①法式②俄式③德式④美式。

72.(3) 油炸新鮮薯條，炸半熟後應再以攝氏幾度炸至全熟？① 160 ② 170 ③ 180 ④ 200 度。

73.(1) 食物用水來殺菁 (Blanching) 時水溫是攝氏多少度？① 100 ② 90 ③ 80 ④ 70 度。

74.(4) 食物用油來殺菁 (Blanching) 時油溫是攝氏多少度？① 150 ② 160 ③ 170 ④ 180 度。

75.(3) 殺菁 (Blanching) 時食物與水量的比率是多少？① 1:1 ② 1:5 ③ 1:10 ④ 1:15。

76.(2) 煮水波蛋 (Poached egg) 時水溫是攝氏多少度？① 50 ～ 60 ② 70 ～ 80 ③ 90 ～ 100 ④ 110 ～ 120。

77.(3) 油炸 (Deep-Fryng) 時油溫是介於攝氏多少度間？① 80 ～ 100 ② 120 ～ 150 ③ 160 ～ 180 ④ 200 ～ 230 度。

78.(3) 蔬菜是否可以燒烤 (Broiling)？①可以②不可以③視種類而定④須先燙過才可。

79.(4) 下列何種肉質適合燉煮 (Braising)？①菲力牛排②丁骨牛排③牛肝④牛後腿。

80.(1) 下列何種食物適合燴 (Stewing)？①雞肉②菠菜③麵條④鮭魚。

14000 西餐烹調 丙級 工作項目 05：器皿與盤飾

1.(3) 下列何種器皿適合微波爐使用？①琺瑯器②銀銅器③陶瓷器④不
銹鋼器。

2.(2) 水果盤之裝飾以何種材料最適宜？①香芹 (Parsley)②薄荷葉③生
（萵苣）菜葉④鮮花朵。

3.(4) 通常盛裝熱菜的盤子保溫櫃溫度保持在攝氏幾度最適宜？① 30 度
② 40 度③ 50 度④ 60 度。

4.(3) 主菜牛排類宜用何種器皿盛裝？①沙拉盤②點心盤③主菜盤④魚
肉盤。

5.(4) 什錦沙拉中的蔬菜顏色宜如何調配？①全一色②各種顏色蔬菜分
開③不須講究④混合輕拌。

6.(1) 傳統開胃菜宜用何種器皿盛裝？①沙拉盤②主菜盤③點心盤④魚
肉盤。

7.(4) 下列何者不是做為盤飾的蔬果須有的條件？①外形好且乾淨②用
量不可以超過主體③葉面不能有蟲咬的痕跡④添加食用色素。

8.(4) 製作盤飾時，下列何者較不重要？①刀工②排盤③配色④火候。

9.(1) 熱食不宜盛裝於①塑膠盤②不鏽鋼盤③陶製盤④瓷盤。

10.(1) 盛裝帶汁之甜點器皿以何種材質較恰當？①玻璃②銀器③木材④
不銹鋼。

11.(1) 西餐牛排烹調時可以加入少許①葡萄酒②冰淇淋③咖啡④蕃茄
醬。

12.(4) 牛排置於瓷盤客人要求加熱時應：①直接放入烤箱②更換銀盤入
烤箱③直接放上瓦斯爐④更換不銹鋼盤入烤箱。

13.(1) 煙燻的魚類開胃菜通常附帶下列何種食物？①檸檬、全麥麵包②
水果、白麵包③義大利麵、全麥麵包④果醬、全麥麵包。

14.(4) 通常龍蝦濃湯加入少許何種酒可增加美味？①米酒②蘭姆酒③紹

興酒④白蘭地。

15.(1) 傳統烤羊排通常附帶何種醬汁(Sauce)？①薄荷醬②紅酒醬③白酒醬④磨菇醬。

16.(4) 羊排食用可加入何種調味醬？①奶油②醬油③花生醬④薄荷醬。

17.(3) 乳酪 (Cheese) 通常可和那些食物搭配①肉類②魚類③麵包類④蛋類。

18.(3) 乳酪 (Cheese) 通常附帶①西瓜②柳丁③葡萄④木瓜。

19.(2) 主菜配盤除蔬菜外通常均附有①水果②澱粉類食品③蕃茄④蛋類。

20.(1) 法式烤鴨通常附帶何種醬汁(Sauce)？①柳橙醬②草莓醬③鳳梨醬④木瓜醬。

21.(2) 在套餐菜單 (Set menu) 設計當中，同樣的肉類、魚類或蔬菜材料的使用上應：①可以重覆使用②不可以重覆使用③肉類可以重覆使用④魚類可以重覆使用。

22.(1) 法式菜單中雪碧冰 (Sherbet) 的吃法是下列何者？①介於享用主菜之前②介於主菜與甜點之間③介於甜點與咖啡之間④介於湯與沙拉之間。

23.(2) 餐盤、杯類邊緣破損，應如何處理？①可以直接使用②不可以使用③可做其他用途④送給別人。

24.(2) 對於客人使用過的餐盤應如何處理？①仍可繼續使用②即時清洗③隔夜再清洗④丟棄不用。

25.(1) 裝沙拉的盤子應如何處理？①放於冷藏櫃中②放於室溫中③放於保溫箱中④放於冰塊中。

26.(1) 盛裝冰淇淋的杯類應如何處理？①放於冷藏櫃中②放於室溫中③放於保溫箱中④放於冰塊中。

27.(3) 下列那道菜不可盛裝於銀器？①胡蘿蔔濃湯 (Crecy) ②烤牛排 (Roasted beef) ③ 水 波 蛋 (Poached egg) ④ 炒 青 菜 (Sauted vegetables)。

28.(4) 選擇西餐用器皿，以下列何種材質為佳？①陶器②塑膠③玻璃④

瓷器。

29.(3) 器皿背面之英文 "Bone china" 是何種意思？①中國製造②等級別③骨瓷④陶器。

14000 西餐烹調 丙級 工作項目 06：設備與器具

1.(3) 廚房之理想室溫應在攝氏幾度？① 10 － 15 度② 15 － 20 度③ 20 － 25 度④ 25 － 30 度。

2.(3) 廚房之最佳濕度比應是多少？① 45%② 55%③ 65%④ 75%。

3.(2) 絞肉機的清潔維護時段，以下列何時較為適宜？①上班時間清洗②使用後立即清洗③早晚各清洗一次④下班後清洗。

4.(2) 下列何種材質的鍋具抗酸性差，不適宜烹調酸性食物？①不銹鋼②鋁③陶瓷④玻璃。

5.(4) 下列何者是西餐燒烤烹調的輔助工具 (Hand tool)？①煎炒鍋 (Sauteuse)②磅秤 (Scale)③廚刀 (Chef's knife)④廚叉 (Chef's fork)。

6.(3) 下列何者不是抽油煙機所抽取的對象？①油水氣②熱氣③噪音④煙霧。

7.(1) 購買或使用廚房之器具，其設計上不應有何種現象？①四面採直角設計②彎曲處呈圓弧形③與食物接觸面平滑④完整而無裂縫。

8.(1) 下列那一項是西式炒鍋特徵？①平底式②圓弧式③微尖底式④凸凹式。

9.(2) 廚房生產設備器具，其主要電壓為幾伏特？① 110V，210V ② 110V，220V ③ 120V，230V ④ 130V，240V。

10.(3) 餐具櫥宜採用何種材質？①紙板②木製③不銹鋼④磁磚。

11.(3) 大型自助餐熟食盛裝於何種器皿？①大瓷盤②大銀盤③保溫鍋④平底鍋。

12.(3) 芥末醬、檸檬汁不宜盛裝於何種器皿？①玻璃器②瓷器③銀器④不鏽鋼器。

13.(1) 炒蛋食物不宜放入何種材質的器皿？①銀器②瓷器③玻璃器④不鏽鋼器。

14.(4) 炒蛋時使用何種器具烹調①平底鍋(Fry pan)②湯鍋(Pot)③沙司鍋(Sauce pan)④煎炒鍋(Sauteuse)。

15.(3) 烹調湯餚時使用何種器具？①平底鍋②電鍋③大湯鍋④小鋁鍋。

16.(1) 鋸肉機最適用於切何種肉類？①完全冷凍的牛肉②完全解凍的牛肉③煮熟過的牛肉④完全解凍的大條魚。

17.(1) 操作廚房器具時必須①使用說明圖表或手冊②聽老闆意見使用③自己隨意操作④由新進同仁教授。

18.(2) 廚房烤箱使用後之清洗宜為何時？①用完立即清洗②用完冷卻至微溫時清洗③完全冷卻後清洗④隔天再洗。

19.(1) 肉類攪拌機放入填充料時應用何種方式？①用木質攪拌器②用玻璃攪拌器③用手填入④用肉類填入。

20.(1) 廚房面積應佔餐廳總面積之多少比例較為理想？① 1:3 ② 1:6 ③ 1:7 ④ 1:8。

21.(3) 迴風烤爐(Convection oven)和傳統烤爐的比較，下列何者不正確？①前者溫度較均勻②前者較省時③前者較耗費能源④前者成品色澤較均勻。

22.(1) 廚房之排水溝流向為①清潔→污染②污染→清潔③準清潔→污染④依地形設計。

23.(3) 下列何者較不適合用切片機？①乳酪(Cheese)②蔬菜③軟質食物④冷凍肉類。

24.(4) 廚房若以人工清洗餐具，下列何者才符合衛生要求？①雙槽溫水清洗再擦乾②雙槽溫水清洗再晾乾③三槽溫水清洗再擦乾④三槽溫水清洗再晾乾。

25.(2) 切片機的刀片一般是用何種材質製成？①鐵②碳鋼③鋁④銅。

26.(4) 有關切片機的敘述，下列何者是錯誤？①成品規格較一致②縮短切割時間③節省人力④增加切割損失。

27.(3) 當切片機不再使用時，應如何處理刀面厚薄控制柄？①調高②調低③歸零④調至常用厚度。

14000 西餐烹調 丙級 工作項目 07：營養知識

1.(2) 構成人體細胞的重要營養素為①醣類②蛋白質③脂肪④維生素。

2.(2) 奶、蛋、豆、魚及肉類主要供應何種營養素？①醣類②蛋白質③脂肪④維生素。

3.(4) 下列何種營養素不屬於熱量營養素？①醣類②蛋白質③脂肪④維生素。

4.(1) 存在人體血液中最多的醣類為：①葡萄糖②果糖③乳糖④麥芽糖。

5.(4) 下列何種肉類最容易消化吸收？①雞肉②豬肉③牛肉④魚肉。

6.(1) 蛋類所含的蛋白質是屬於下列何者？①完全蛋白質②部分完全蛋白質③部分不完全蛋白質④不完全蛋白質。

7.(3) 下列何種食物的蛋白質品質最好？①玉米②果凍③牛奶④扁豆。

8.(2) 下列等重的食物何者含膽固醇最多？①蛋②腦③肝④腎。

9.(2) 牛奶中含量較少的礦物質是①鈣②鐵③磷④鉀。

10.(3) 下列那種豆所含的蛋白質品質最佳？①紅豆②扁豆③黃豆④豌豆。

11.(1) 牛奶是下列何種礦物質的優良來源？①鈣②磷③鐵④鋅。

12.(3) 海產食物富含何種礦物質？①磷②硫③碘④硒。

13.(2) 下列何種食物中所含的鐵可利用率最高？①菠菜②牛排③麵包④強化穀類。

14.(4) 膽固醇是何種維生素的先質？①A②B③C④D。

15.(3) 下列何種維生素較耐熱？①葉酸②B③B④C。

16.(1) 麵粉的筋度不同，是因為何種營養素的含量不同？①蛋白質②醣類③脂肪④礦物質。

17.(4) 烹調常用油中何者含較多飽和脂肪酸？①葵花籽油②紅花籽油③黃豆油④棕櫚油。

18.(4) 下列何類食物的鈣質含量最多？①水果②蔬菜③海鮮④牛奶。

19.(3) 下列那種加工方式對蛋白質的影響最大？①熱處理②酸處理③鹼處理④冷凍處理。

20.(1) 何種維生素在瘦肉中含量最豐富？① B ② C ③ A ④ E。

21.(1) 麵食類食物所提供的最主要營養素為何？①澱粉②脂肪③蛋白質④維生素。

22.(3) 馬鈴薯中最主要的營養素為何？①蛋白質②脂肪③澱粉④維生素。

23.(1) 下列何種麵粉的蛋白質含量最高？①高筋麵粉②中筋麵粉③低筋麵粉④澄粉。

24.(2) 杏仁、核桃仁中以何種成分含量最高？①醣類②脂肪③蛋白質④水。

25.(1) 下列何種油脂膽固醇含量最高？①奶油 (Butter) ②黃豆油③橄欖油④葡萄籽油。

26.(2) 下列何種脂肪的單元不飽和脂肪酸含量最高？①奶油 (Butter) ②橄欖油③黃豆油④葡萄籽油。

27.(4) 用下列何種烹調法製作之雞肉的脂肪含量最低？①裹粉油炸②加酒煮③加乳酪 (Cheese) 烤④醃後碳烤。

28.(4) 蛋黃醬 (Mayonnaise) 中脂肪含量大約多少？① 30％② 45％③ 65%④ 80%。

29.(3) 法式沙拉醬 (French dressing) 中脂肪含量大約多少？① 30％② 45%③ 65%④ 80%。

30.(4) 下列那一種乳製品的脂肪含量最高？①全脂乳 (Whole milk) ②鮮奶油 (Cream) ③酸酪乳 (Yoghurt) ④奶油 (Butter)。

31.(1) 下列何種調理方式對於蔬菜的營養保存性最高？①生食②烤③炸④煮。

32.(1) 下列何者是綠色蔬菜中最主要的一種維生素？①維生素 A ②維生素 B ③維生素 D ④維生素 E。

33.(2) 等重的下列蔬菜，何者能提供的維生素 A 最多？①高麗菜②青花菜③黃瓜④洋蔥。

34.(1) 下列那一種蔬菜的胡蘿蔔素含量最高？①菠菜②蘆筍③芹菜④紅高麗菜。

35.(3) 下列水果等重的可食部分，何者的維生素 C 含量最高？①西瓜②木瓜③柳橙④鳳梨。

36.(2) 下列那一種水果的胡蘿蔔素含量最高？①西瓜②木瓜③鳳梨④柳橙。

37.(2) 下列那一種甜點的熱量含量最高？①果凍②冰淇淋③雪碧冰 (Shorbet)④布丁。

38.(2) 下列何種維生素不在雞蛋營養含量內？① A ② C ③ E ④ K。

14000 西餐烹調 丙級 工作項目 08：成本控制

1.(3) 有一箱鱈魚售價 1000 元，內有四十塊，每塊重量均等，請問每塊鱈魚成本多少？① 15 元② 20 元③ 25 元④ 30 元。

2.(2) 一箱進口牛肉售價 2000 元，可用的部分有 10 磅，假如每份牛排的供應量是八兩，請問每份牛排成本多少？① 125 元② 132 元③ 139 元④ 146 元。

3.(4) 有一份做乳酪蛋糕 (Cheese cake) 的標準食譜，所需材料總花費為 800 元，可提供 40 人份，假使設定成本佔 25%，請問每份蛋糕的理想售價應多少？① 20 元② 40 元③ 60 元④ 80 元。

4.(1) 一家牛排館為做好食物成本控制，應採用下列何種方法來經營？①採用標準食譜②以量制價③以價制量④隨師傅興致配菜。

5.(2) 下列何者是西餐業者最大的兩項成本？①食物、飲料②食物、人事③飲料、人事④水電、房租。

6.(4) 下列那一項不是使用標準食譜的優點？①確保品質口味一致②確保成本一致③確保外觀色澤一致④提升營養價值。

7.(3) 依據標準食譜製作菜餚是誰的責任？①食品供應商②老闆③廚師④顧客。

8.(2) 誰最應瞭解標準食譜之使用目的與成本控制的關係？①經理②主廚③顧客④老板。

9.(2) 1 公斤約等於① 1.1 磅② 2.2 磅③ 2.5 磅④ 3.3 磅。

10.(3) 1 杯 (C) 等於：① 14 大匙② 15 大匙③ 16 大匙④ 17 大匙。

11.(4) 若食物的直接成本佔售價的 40%，則一道 90 元材料費的雞肉，其售價至少為多少？① 36 元② 72 元③ 185 元④ 225 元。

12.(1) 1 磅等於多少盎司？① 16 盎司② 18 盎司③ 20 盎司④ 22 盎司。

13.(2) 1 磅的腓力牛排賣價 800 元，3 公斤重的應賣多少？① 2640 元② 5286 元③ 6000 元④ 7920 元。

14.(1) 鱈魚每百公克 15 元，已知每份成品 60 公克，烹調收縮率 70%，則 4 人份成本多少元？① 51 元② 60 元③ 105 元④ 110 元。

15.(2) 一大匙 (T) 等於：① 5 小匙 (t)② 15 公克水重③ 19 公克水重④ 6 小匙 (t)。

16.(3) 5 大匙加 1 小匙等於：① 1/4 量杯 (Cup)② 1/2 量杯③ 1/3 量杯④ 2/3 量杯。

17.(4) 下列何者不是西方廚房的衡量器具？①量杯②量匙③磅秤④皮尺。

18.(4) 兩加侖 (Gallon) 等於：① 20 杯② 24 杯③ 28 杯④ 32 杯。

19.(4) 一公斤是：① 300 公克② 600 公克③ 500 公克④ 1000 公克。

20.(4) 政府提倡交易時使用何種單位計算？①台制②英制③美制④公制。

21.(1) 同以 1 公斤的價格來比較，下列何種食物最便宜？①雞蛋②乳酪 (Cheese)③豬肉④牛肉。

22.(3) 廚師的何種表現與食物成本無關？①工作計畫②烹調技術③人際關係④智慧反應。

23.(2) 一磅牛肉等於多少公克重？① 360 公克② 454 公克③ 520 公克④ 600 公克。

24.(3) 5 盎司 (OZ.) 牛肉等於多少公克重？① 100 公克② 120 公克③ 140 公克④ 160 公克。

25.(4) 一磅豬肉賣 200 元，一公斤豬肉約賣多少錢？① 290 元② 340 元
③ 390 元④ 440 元。

26.(3) 甘藍菜之可用率若是 8 成，食譜需用量是 6 公斤，則應購買多少
公斤才夠用？① 4.8 ② 6 ③ 7.5 ④ 9 公斤。

14000 西餐烹調 丙級 工作項目 09：安全措施

1.(1) 火災發生時你在火場，大約有多少時間可逃生？① 2.5 分鐘② 5 分
鐘③ 10 分鐘④ 15 分鐘。

2.(3) 電氣 (C 類) 火災發生時，首先應如何處置？①澆水滅火②大聲呼救
③關閉電源④趕快逃生。

3.(4) 油脂 (B 類) 火災發生時，首先應如何處置？①澆水滅火②大聲呼救
③關閉電源④撲滅火源。

4.(3) 火災現場濃煙密佈一片漆黑應如何逃生？①尋找滅火器②跑步快
速逃離現場③採低姿快速爬行離開④速找防煙面罩。

5.(2) 火災現場，離地面距離越高的溫度如何？①愈低②愈高③沒有變化
④還可忍受。

6.(3) 火災現場濃煙密佈含有什麼可使人致命的氣體？①二氧化碳②二
硫化碳③一氧化碳④氫氧化碳。

7.(4) 預防火災是誰的責任？①消防隊②保全人員③消防管理員④每位
員工。

8.(3) 廚房的滅火設備若有缺失、不足或維護不良致發生火災，最大受害
者是①設計師與建築師②老板與股東③顧客與員工④保全員與管
理員。

9.(3) 廚房剛發生火災時，應有何行動才正確？①通報主管②通知消防隊
③先關閉瓦斯、電源再奮勇撲滅④為安全起見迅速逃離現場。

10.(4) 發生災害罹難人數在三人以上者，應如何處理？①由員工處理②
雇主自行處理③不必搶救④必須由司法或檢查機構處理。

11.(2) 員工上班時間內發生重大意外傷害時，應如何處理？①自行就醫

②立即送醫並填寫意外傷害報告書③不用理會④由主管決定。

12.(1) 當客人發生食品中毒時，應如何處理？①立即送醫並收集檢體化驗，報告當地衛生機關②由員工急救③讓客人自己處理④順其自然。

13.(4) 餐廳整體的安全維護是誰的責任？①警衛②老板③經理④全體員工。

14.(3) 發現員工暈倒在地上，應如何處理？①不要理他②自己加以急救③派人通知醫護人員，自己加以急救措施④直接等待醫護人員救援。

15.(1) 員工工作受傷時，應於迅速就醫後①填寫傷害報告書②告知經理人員③在家休息④繼續上班。

16.(1) 大量出血如泉湧且帶鮮紅色，此乃何部位出血？①大動脈②靜脈③微血管④皮膚。

17.(2) 烹飪中，廚師是否可以離開崗位？①可以②不可以③視狀況④經主管核可即可。

14000 西餐烹調 丙級 工作項目 10：衛生知識

1.(3) 廚師的衛生習慣最重要，進入廚房第一件事是洗滌何物？①食物材料②廚具碗盤③雙手④抹布。

2.(1) 調理熟食之廚師，其手部每隔多久就應清洗一次？①經常清洗② 10 分鐘③ 20 分鐘④ 30 分鐘。

3.(1) 身體的那一部分是廚師傳播有害微生物的主要媒介源？①手②胸③臉④頭。

4.(2) 下列那項設施不適設於廚房洗手槽？①指甲剪②香水劑③消毒劑④洗潔劑。

5.(3) 廚房工作不可配戴飾物是何原因？可以①增進工作效率②減少工作摩擦③減少隱藏細菌④減少身體負荷。

6.(4) 餐飲從業人員應多久作一次肺結核病檢查？① 4 年② 3 年③ 2 年

④ 1 年。

7.(3) 洗手槽附設肥皂和刷子的主要目的為何？①好看②配合衛生機關規定③徹底去除污物和看不見的細菌④為求方便問題。

8.(1) 餐飲從業人員的定期健康檢查，每年至少幾次？①一次②二次③三次④四次。

9.(4) 下列何者不是沙門氏菌的傳染途徑（媒介物）？①飲水②食物③動物④空氣。

10.(3) 餐具器皿消毒可浸泡於攝氏幾度以上之熱水 2 分鐘？① 60 度② 70 度③ 80 度④ 90 度。

11.(3) 餐具器皿消毒應浸泡於多少餘氯含量之冷水中 2 分鐘以上？① 100ppm ② 150ppm ③ 200ppm ④ 250ppm。

12.(1) 飲用水水質標準之有效餘氯量必須在多少 ppm 之間？① 0.2-1.0ppm ② 1.6-2.4ppm ③ 3.0-3.8ppm ④ 3.9ppm 以上。

13.(2) 煮沸殺菌法對毛巾、抹布之有效殺菌係指下列何者？①攝氏 90 度煮 5 分鐘以上②攝氏 100 度煮 5 分鐘以上③攝氏 90 度煮 1 分鐘以上④攝氏 100 度煮 1 分鐘以上。

14.(3) 煮沸殺菌法對餐具之有效殺菌係指①攝氏 100 度煮 5 分鐘以上②攝氏 90 度煮 5 分鐘以上③攝氏 100 度煮 1 分鐘以上④攝氏 90 度煮 1 分鐘以上。

15.(4) 蒸汽殺菌法對毛巾、抹布之有效殺菌係指①攝氏 90 度蒸汽加熱 2 分鐘以上②攝氏 100 度蒸汽加熱 2 分鐘以上③攝氏 90 度蒸汽加熱 10 分鐘以上④攝氏 100 度蒸汽加熱 10 分鐘以上。

16.(4) 蒸汽殺菌法對餐具之有效殺菌係指①攝氏 90 度以上蒸汽加熱 10 分鐘以上②攝氏 100 度蒸汽加熱 10 分鐘以上③攝氏 90 度蒸汽加熱 2 分鐘以上④攝氏 100 度蒸汽加熱 2 分鐘以上。

17.(3) 熱水殺菌法對餐具之有效殺菌係指①攝氏 60 度以上熱水加熱 4 分鐘以上②攝氏 70 度以上熱水加熱 3 分鐘以上③攝氏 80 度以上熱水加熱 2 分鐘以上④攝氏 90 度以上熱水加熱 1 分鐘以上。

18.(2) 乾熱殺菌法對餐具之有效殺菌係指①攝氏 80 度以上乾熱加熱 40

分鐘以上②攝氏 110 度以上乾熱加熱 30 分鐘以上③攝氏 90 度以上乾熱加熱 20 分鐘以上④攝氏 95 度以上乾熱加熱 10 分鐘以上。

19.(1) 砧板每天使用後應如何處理？①當天用清水洗淨消毒②當天用抹布擦拭乾淨③隔天用清水洗淨消毒④隔三天後再一併清洗消毒以節省勞力。

20.(1) 餐廳餐具器皿的消毒殺菌應採用幾槽式之水槽？① 3 槽② 2 槽③單槽④視情況而定。

21.(3) 下列那些人員是施行衛生教育的對象？①廚房雜工②廚師③所有員工及老板④經理及老板。

22.(4) 砧板應如何處理才符合衛生？①生熟食共用②隨時用抹布擦拭③選擇大一點的④分類並標示用途。

23.(4) 廚師手上有化膿傷口，若處理食物可能導致何種食物中毒？①沙門氏菌②腸炎弧菌③大腸桿菌④金黃色葡萄球菌。

24.(1) 處理過雞內臟的砧板若未徹底清理就用來處理其它食物，可能導致何種食物中毒？①沙門氏菌②腸炎弧菌③仙人掌桿菌④金黃色葡萄球菌。

25.(2) 牡蠣 (Oyster) 等海產若烹調溫度不足，一般可能導致何種食物中毒？①沙門氏菌②腸炎弧菌③大腸桿菌④仙人掌桿菌。

26.(2) 下列何者為預防腸炎弧菌食品中毒的重要方法？①生鮮海鮮類以鹽水浸泡以抑制微生物生長②生食與熟食使用之刀具、砧板及容器等應分開不得混合使用③採購新鮮的食材以避免腸炎弧菌污染④生鮮與煮熟的海產食物可放在冷藏庫中一起冷藏。

27.(2) 香腸及火腿等肉製品添加亞硝酸鹽之目的是什麼？①供香料使用②抑制肉毒桿菌生長③防止肉品氧化④亞硝酸鹽會產生致癌物故不得添加。

28.(2) 在細菌生活史中，那一期生長速率最快？①停滯期②對數期③穩定期④下降期。

29.(2) 食用發芽的馬鈴薯所引起的中毒，是屬於何種食物中毒？①細菌性②天然毒素③化學性④過敏性。

30.(3) 下列何者不屬於微生物性食物中毒？①沙門氏菌②金黃色葡萄球菌之毒素③多氯聯苯④出血性大腸桿菌。

31.(4) 在細菌生活史中，那一期生長速率最慢？①停滯期②對數期③穩定期④下降期。

32.(4) 預防金黃色葡萄球菌食品中毒，下列何者是錯誤的？①身體有傷口、膿瘡時不得從事食品之製造調理工作②調理食品時應戴衛生手套、帽子及口罩③注意手部之清潔與消毒避免污染④添加防腐劑。

33.(3) 冷藏食品中心溫度應保持在攝氏幾度以下？① 15 ② 10 ③ 7 ④ 0 度。

34.(3) 餐飲業所發生的食物中毒事件，以何種原因居多？①類過敏食物中毒②化學物質中毒③細菌性中毒④天然毒素中毒。

35.(4) 為不讓細菌生存於使用過之砧板，應如何處理？①用冷水清洗②用溫水清洗③用流動水清洗④用沸水浸泡清洗。

36.(3) 下列何項是預防葡萄球菌所引起的食物中毒最有效的方法？①加強冰箱的冷度②生食與熟食應分開貯存③改善個人衛生習慣④避免二次污染。

37.(4) 下列何者不是食品衛生安全的要訣？①避免食物被污染②抑止細菌繁殖③消滅細菌④噴灑除臭劑。

38.(1) 下列何者不是食品衛生安全的具體方法？①個人衣著寬鬆整潔②環境器具及食材保持清潔③食物處理迅速④烹調溫度控制適宜。

39.(4) 合成塑膠製的砧板之優點為何？①節省成本②操作方便③硬度較佳④易清洗及消毒。

40.(2) 下列何者為廚房水溝的主要設計？①明溝②暗溝③淺溝④深溝。

41.(4) 烹調時通常以小容器來加熱食物的目的為何？①好拿②增加工作效率③增加食物美味④減少食物腐敗。

42.(4) 西餐廚師穿著工作衣帽的主要目的是？①漂亮大方②減少生產成本③代表公司形象④防止頭髮掉落食物中。

43.(1) 食品製造業者製程及品管應注意什麼？①使用之原料應符合衛生

規定②進貨時只需清點數量③原料之使用應依先進後出之原則④食品在製造調理過程中為了方便起見可以直接放置在地面上。

44.(4) 三槽式餐具洗滌槽，第二槽的功用為何？①略洗槽②清洗槽③消毒槽④沖洗槽。

45.(4) 三槽式餐具洗滌槽使用時，第二槽的水應保持何種狀態？①靜止狀低水位②靜止狀滿水位③流動狀低水位④流動狀滿水位。

46.(1) 三槽式餐具洗滌槽，第二槽的水保持流動狀的目的為何？①使洗潔劑流出②好洗③洗滌者舒服④餐具不易打破。

47.(3) 以三槽式餐具洗滌槽洗滌時，下列何物應加入第一槽？①消毒劑②殺菌劑③洗潔劑④防腐劑。

48.(4) 三槽式餐具洗滌槽，第一槽的清洗工具除毛刷外還可用下列何物？①木頭②石頭③鋼刷④海綿。

49.(3) 三槽式餐具洗滌槽，下列何種攝氏水溫應使用於第一槽？① 27 ～ 33 度② 35 ～ 41 度③ 43 ～ 49 度④ 51 ～ 57 度。

50.(2) 三槽式餐具洗滌槽，第一槽的功用為何？①略洗槽②洗滌槽③消毒槽④沖洗槽。

51.(3) 三槽式餐具洗滌槽，第三槽的功用為何？①略洗槽②清洗槽③消毒槽④沖洗槽。

52.(1) 三槽式餐具洗滌槽，第三槽 (消毒槽) 之水溫為攝式幾度？① 80 度② 75 度③ 70 度④ 65 度。

53.(4) 三槽式餐具洗滌槽，第三槽若加氯消毒則其餘氯量應是多少？① 50ppm ② 100ppm ③ 150ppm ④ 200ppm。

54.(4) 蔬果、水產、畜產原料或製品應分開貯存的主要目的為何？①優雅又美觀②進出貨方便③節省空間④避免交叉污染。

55.(2) 下列那一個步驟不是一般水的處理程序？①曝氣或加氯②冷卻③沉澱過濾④消毒。

56.(1) 廚房的油煙是屬於何種廢棄物？①氣相廢棄物②液相廢棄物③固相廢棄物④綜合廢棄物。

57.(1) 何種方式是施行衛生管理最好的方法？①建立自行檢查制度②有

專人指導③強硬施行④發揮團隊精神。

58.(3) 餐具表面殘留澱粉若滴上碘液檢查會有何種顏色出現？①紅色②綠色③藍色④黃色。

59.(1) 餐廳廚房應如何設計？①良好的通風與採光②通風即可③採光即可④視狀況而定。

60.(2) 下列何者可作為衛生指標菌？①肉毒桿菌②大腸桿菌③出血性大腸桿菌④仙人掌桿菌。

61.(2) 廚房工作檯面的光度應在幾米燭光？① 100 米燭光② 200 米燭光以上③ 300 米燭光以上④沒有規定。

62.(3) 下列何者為餐飲業防止微生物污染的最有效方法之一？①曝光②風乾③洗淨④冷藏。

63.(3) 下列何者不是餐飲業洗淨食品原料的目的？①清除污物②減少農藥殘留③增加營養④除去寄生蟲卵。

64.(3) 下列何者為餐飲業維護食品製造調理等衛生的有效方法之一？①曝光②風乾③洗淨④冷藏。

65.(2) 下列何者為餐飲業衛生管理及控制微生物有效方法之一？①曝光與冷藏②消毒與殺菌③風乾與冷凍④洗淨與風乾。

66.(3) 迴游性魚類除外之所有水產動物食品，其可食部分之甲基汞含量應在多少 ppm 以下才符合衛生標準？① 0.9 ② 0.7 ③ 0.5 ④ 0.3 ppm。

67.(4) 餐飲業在洗滌器具及容器後，除以熱水或蒸氣外還可以下列何物消毒？①無此消毒物②亞硝酸鹽③亞硫酸鹽④次氯酸鈉溶液。

68.(3) 下列何者是馬鈴薯電子輻射照射處理的目的？①防治蟲害②殺菌③抑制發芽④延長儲存期限。

69.(1) 下列何者是清洗蔬菜殘留農藥的最適當方法？①以清水沖洗②泡鹽水③烹調加熱可破壞農藥故不必強調清洗④以洗潔劑清洗。

70.(2) 下列何者生菌數較高？①塊肉②碎肉③片肉④條肉。

71.(4) 食物製備使用的砧板宜有幾種？①一②二③三④四。

72.(1) 清洗砧板的用水應以攝氏幾度的熱水浸泡 10 分鐘方可達到消毒

的目的？① 85 ② 75 ③ 65 ④ 55。

73.(2) 下列何者是人工清洗餐具的步驟？①洗滌→沖洗→消毒→拭擦②刮除→洗滌→沖洗→消毒③消毒→洗滌→沖洗→拭擦④沖洗→洗滌→拭擦→消毒。

74.(3) 下列何者對油脂儲存後的品質有較小的影響？①光線②濕度③通風④高溫。

75.(1) 油脂製品中添加抗氧化劑之目的為何？①防止產生過氧化物②調味③永久保存④增加不足的營養素。

76.(1) 下列何者是使用食品添加物的正確觀念？①以最少之必要量為原則②以食品添加物使用範圍及限量標準規定之最高限量為添加量，以達到最好的效果③食品添加物是化學物，在任何情形下絕不使用含有食品添加物的食品④用以掩飾食品之不良。

77.(3) 下列何者為真？①冷凍食品檢出防腐劑係違反食品安全衛生相關管理法規②為確保冷凍食品可長期保存，可依該冷凍食品之本質添加防腐劑③以冷凍方式貯存食品可抑制微生物生長並延長保存期限不必再添加防腐劑④冷凍食品的原料新鮮度不夠故需添加防腐劑延長其保存期限。

78.(3) 國際間食品衛生管理之潮流，下列何者是錯誤的？①自主管理②源頭管理③上市前全面檢驗④預防性管制措施。

79.(1) 食品安全管制系統（HACCP）是強調以何者為主之管理？①製程管理②產品檢驗③增加產量④確保製程中軟硬體的衛生。

80.(1) 有關香豆素下列敘述何者正確？①不得添加於任何食品中②是一種天然香料可添加於食品中③可因使用天然香料而殘留在食品中故並無限量規定④是一種天然香料可添加於飲料中。

81.(2) 有關於狂牛症的病原，下列何者是錯誤的？①是一種變異性蛋白稱為變異性普里昂蛋白（prion）②存在於牛的全身③只要除去牛隻身上的特定風險物質就可以確保牛肉的安全性④牛隻大多是因為吃進肉骨粉飼料而感染。

82.(4) 有關真空包裝黃豆即食食品，下列何者是錯誤的？①可能形成適合肉毒桿菌生長的環境而造成食品中毒②是罐頭的一種，應實施商業滅菌才能在室溫下保存③未實施商業滅菌的真空包裝黃豆即食食品應以冷藏保存④真空包裝可抑制所有微生物生長。

83.(4) 切蘋果時應使用何種顏色的砧板？①紅色②白色③藍色④綠色。

84.(3) 處理魚類時應使用何種顏色的砧板？①紅色②白色③藍色④綠色。

14000 西餐烹調 丙級 工作項目 11：衛生法規

1.(1) 食品安全衛生管理法的中央主管機關是①衛生福利主管機關②環境保護署③農業主管機關④消費者保護處。

2.(1) 以布丁（Custard）裝飾或充餡之蛋糕、派等應冷藏貯放，其中心溫度應在①攝氏 7 度以下凍結點以上②愈低愈好③攝氏 4 度以下④沒有特殊要求。

3.(3) 廚師於工作中，下列那項情況是符合衛生規定？①戴手錶②戴戒子③配戴工作帽④戴項鍊。

4.(2) 販賣之食品依法應符合食品衛生標準，該標準應由何單位訂定？①消費者保護團體②衛生福利部③製造業者④衛生局。

5.(4) 包裝食品應如何標示日期？①標示製造日期②進口食品得以英文標示日期③進口食品日期之標示應以月日年為順序以避免混淆④標示有效日期。

6.(4) 經公告指定的餐飲業聘用之廚師，在四年證書有效期間內應接受總共多少小時的衛生教育？① 4 ② 10 ③ 16 ④ 32 小時。

7.(3) 工業上使用的化學物質可添加於食品嗎？①若屬於衛生福利部公告准用的食品添加物品目，則可依規定添加於食品中②視其安全性認定是否可添加於食品中③不得作食品添加物用④可任意添加於食品中。

8.(2)(本題刪題) 屠宰供食用之家畜其屠體的衛生檢查規則由那個機關主政？①衛生局②行政院農業委員會③衛生福利部④標準檢驗局。

9.(1) 食品添加物之使用，以下何者為正確？①應符合衛生福利部所定標準②業者可視加工需要使用並無限制③應購買經經濟部查驗登記領有許可證之食品添加物④可向化工原料行購買化工原料。

10.(4) 下列何者是不正確的？經衛生機關稽查食品業者於製造、調配、運送、貯存、販賣等過程中，如有違反食品安全衛生管理法，視其情節會有何種處分？①限期改善②處以罰鍰③移送法辦④產品充公拍賣。

11.(2) 衛生機關對於食品業者衛生管理強調：①食品業者的品管作業是政府的責任②源頭管理與自主管理之重要性③各類食品於上市前應經衛生機關審查檢驗以確保安全④只要食品符合規定不必強調製程的重要。

12.(4) 公共飲食場所衛生管理辦法是直轄市、縣市主管機關依何機關標準定的？①衛生部②衛生處③衛生局④中央主管機關。

13.(2) 下列何者是餐飲業必須遵守的衛生最基本法令？①消防法②食品安全衛生管理法③廢棄物清理法④消費者保護法。

14.(2) 食品良好衛生規範準則由何機關定之？①衛生局②衛生福利部③衛生所④衛生處。

15.(4) 衛生主管機關之食品抽查或抽樣工作的主要目的為何？①例行公事②替業者做品管③上級交代辦事④實地瞭解業者有否遵守食品安全衛生管理法。

16.(2) 依據食品安全衛生管理法所為之抽樣檢驗，其檢驗方法①由抽驗機關自行決定②由衛生福利部公告指定③應自行研發④依快速檢測方法所得之結果作為處分依據。

17.(3) 依食品良好衛生規範準則，餐具中的大腸桿菌應呈何狀況？①鹼性②陽性③陰性④酸性。

18.(1) 依衛生標準冷凍生食用牡蠣(Oyster)中的沙門氏菌應呈何狀況？①陰性②陽性③酸性④鹼性。

19.(1) 依衛生標準冷凍蔬果類直接供食者每公克的生菌數應是多少以下？① 10 萬② 20 萬③ 30 萬④ 40 萬。

20.(3) 依食品良好衛生規範準則，餐飲業設施之化糞池位置與水源應距離多遠以上？①5公尺②10公尺③15公尺④12公尺。

21.(3) 衛生機關對違反衛生法規受罰鍰而逾期未繳納者如何處理？①催告後結案②移送警察機關派員收款後結案③依行政執行法強制執行④派員至營業場所站崗取款後結案。

22.(4) 故意規避衛生主管機關之食品抽查或抽樣工作，餐飲業者會受多少新台幣的罰鍰？①9百以上9千以下②3千以上3萬以下③6千以上6萬以下④3萬以上300萬以下。

23.(1) 檢舉或協助查獲違反衛生法規之業者，主管機關對檢舉人姓名如何處理？①嚴守秘密②公開傳播③儀式表揚④交業者作證據。

24.(2) 餐飲業者如妨礙衛生主管機關之食品抽查或抽驗，會被處以①移送法辦②3萬以上300萬以下罰鍰③拘役④沒有任何處分。

25.(2) 依據食品安全衛生管理法對食品業者所為之稽查由何機關負責？①行政院衛生福利部食品藥物管理署②各縣市衛生局③勞動部④經指定之研究機構。

26.(4) 下列何者不是經衛生福利部公告指定應設置衛生管理人員之食品製造工廠？①乳品製造業②即時餐食業③冷凍食品製造業④素食製造業。

27.(4) 下列何法規與餐飲業公共安全有直接關係？①國家賠償法②土地法③標準法④消防法。

28.(3) 下列何者屬市售包裝食品營養標示原則中所稱之「營養宣稱」？①含乳酸菌②不含人工甘味料③高膳食纖維④「高鮮」味精。

29.(1) 採購食材時應注意下列何種食品須經衛生福利部查驗登記並取得許可證？①單方食品添加物②國產新穎性食品③以基因改造黃豆為原料製成之豆腐④鮮奶。

30.(3) 食品添加物之品名、規格及其使用範圍、限量標準，由下列哪一機關定之？①衛生局②衛生所③衛生福利部④行政院消費者保護處。

31.(2) 下列有關食品良好衛生規範準則（ＧＨＰ）與食品安全管制系統準則(HACCP)之實施，下列何者是錯誤的①食品良好衛生規範準則係全面強制實施②食品良好衛生規範準則與食品安全管制系統準則應同步實施，以提升食品業者之水準③食品安全管制系統是建立在食品良好衛生規範的基礎之上④食品安全管制系統應視安全評估之風險大小及產業需求，選擇業別及規模，逐步公告實施。

32.(1) 食品業者對於衛生局依法抽驗食品之結果如有疑義①得於 15 日內向原抽驗機關申請複驗②得於 15 日內向衛生福利部申請複驗③不得申請複驗④申請複驗時發現原餘存檢體已變質則應重新取樣。

33.(2) 餐飲業者使用油炸用之食用油應在何時換油？①以太白粉水沉澱雜質使油保持澄清即可②總極性化合物 (total polar compounds) 含量超過 25% 時③使用濾油粉過濾即可不必換油④使用到油量不夠時換油。

34.(4) 下列何種食品毋需標示原產地 (國)？①散裝食品②包裝食品③混裝茶葉④攤販販賣之水果。

本書感謝以下廠商的贊助
長鴻餐具批發 (友品餐具)
地址： 407 台中市西屯區河南路二段 227 號
電話： 04 2452 9058

冠湑食品
網址 :http://www.kitchenabc.com.tw/
聯絡電話 :0936-058-738

16 度 C 美式炸雞
台中市西屯區福上巷 214 弄 96-3 號
(加盟專線 :0936-058-738)

西餐丙級檢定書

作　　　者：侯清翔
美　　　編：塗宇樵
封 面 設 計：塗宇樵
執 行 編 輯：塗宇樵
出　版　者：博客思出版事業網
發　　　行：博客思出版事業網
地　　　址：臺北市中正區重慶南路1段121號8樓14
電　　　話：（02）2331-1675或（02）2331-1691
傳　　　真：（02）2382-6225
E—M A I L：books5w@gmail.com、books5w@yahoo.com.tw
網 路 書 店：http://bookstv.com.tw/
　　　　　　http://store.pchome.com.tw/yesbooks/
　　　　　　博客來網路書店、博客思網路書店、
　　　　　　三民書局、金石堂書店
總　經　銷：聯合發行股份有限公司
電　　　話：（02）2917-8022　　傳真：（02）2915-7212
劃 撥 戶 名：蘭臺出版社 帳號：18995335
香 港 代 理：香港聯合零售有限公司
地　　　址：香港新界大蒲汀麗路36號中華商務印刷大樓
　　　　　　C&C Building, #36, Ting Lai Road, Tai Po, New Territories, HK
電　　　話：（852）2150-2100　　傳真：（852）2356-0735
經　銷　商：廈門外圖集團有限公司
地　　　址：廈門市湖里區悅華路8號4樓
電　　　話：86-592-2230177
傳　　　真：86-592-5365089
出 版 日 期：2018年5月 初版
定　　　價：新臺幣360元整（平裝）
I S B N：978-986-95257-5-6

國家圖書館出版品預行編目資料

西餐丙級檢定書 / 侯清翔 著
　--初版--
臺北市：博客思出版事業網：2018.05
ISBN：978-986-95257-5-6（平裝）
1.烹飪 2.食譜

427.12　　　　　　　　　　106021999